BEI GRIN MACHT SICH IHR WISSEN BEZAHLT

- Wir veröffentlichen Ihre Hausarbeit, Bachelor- und Masterarbeit

- Ihr eigenes eBook und Buch - weltweit in allen wichtigen Shops

- Verdienen Sie an jedem Verkauf

Jetzt bei www.GRIN.com hochladen und kostenlos publizieren

Lukas Baumanns

Stochastik für Lehrämtler

Zusammenfassung der Vorlesung

GRIN Verlag

Bibliografische Information der Deutschen Nationalbibliothek:

Die Deutsche Bibliothek verzeichnet diese Publikation in der Deutschen National-bibliografie; detaillierte bibliografische Daten sind im Internet über http://dnb.d-nb.de/ abrufbar.

Impressum:

Copyright © 2014 GRIN Verlag GmbH
Druck und Bindung: Books on Demand GmbH, Norderstedt Germany
ISBN: 978-3-656-71232-9

Dieses Buch bei GRIN:

http://www.grin.com/de/e-book/277935/stochastik-fuer-lehraemtler

GRIN - Your knowledge has value

Der GRIN Verlag publiziert seit 1998 wissenschaftliche Arbeiten von Studenten, Hochschullehrern und anderen Akademikern als eBook und gedrucktes Buch. Die Verlagswebsite www.grin.com ist die ideale Plattform zur Veröffentlichung von Hausarbeiten, Abschlussarbeiten, wissenschaftlichen Aufsätzen, Dissertationen und Fachbüchern.

Besuchen Sie uns im Internet:

http://www.grin.com/

http://www.facebook.com/grincom

http://www.twitter.com/grin_com

Stochastik für Lehrämtler

Mitschrift von Lukas Baumanns

26. Juli 2014

Vorwort

Dies ist eine Mitschrift der Vorlesung „Stochastik für Lehrämtler". Ich habe ausschließlich die Tafelschrift des Dozenten mitgetippt, ohne weitere Kommentare in diese Mitschrift einzubeziehen. Diese Mitschrift kann und soll also nicht den ganzen Wortlaut der Vorlesung wiedergeben. Sie soll das Nacharbeiten des Inhalts der Vorlesung erleichtern. Damit ich für die Übungsblätter dem Skript besser folgen kann und für den besseren roten Faden, habe ich am Rand die Daten der jeweiligen Vorlesung geschrieben. Teilweise kommen nach diesen Daten Wiederholungen der letzten Vorlesung. Auch möchte ich anmerken, dass diese Mitschrift trotz einmaligen Korrekturlesens Fehler beinhalten wird.

25. Juli 2014

Lukas Baumanns

Literatur

SCHMITZ, Norbert: *Stochastik für Lehramtsstudenten*, Lit Verlag, Münster 1997.

Inhaltsverzeichnis

0   Einleitung: „Was ist Stochastik"

08.04.2014

- Mathematik des Zufalls

- Mathematisierung des Zufalls

- Einstellung und Untersuchung von mathematischen Modellen, die zufällige Phänomene gut beschreiben

Was sind „zufällige Phänomene"   einfaches Paradebeipiel: Münzwurf

- mögliche Ergebnisse sind bekannt: Kopf oder Zahl

- Der Ausgang ist nicht vorhersehbar

- Im Prinzip beliebig oft wiederholbar unter gleichen Voraussetzungen

- Bei einer fairen Münze sagen wir, das Kopf die Wkt. 0,5 hat, d.h. bei großer Anzahl an Wiederholungen n erwarten wir, dass die relative Häufigkeit von Kopf $r_n = \frac{\text{Anzahl der Köpfe bei n Würfen}}{n}$ sich $\frac{1}{2}$ annähert. „Empirisches Gesetz der großen Zahlen".

- weitere Fragen:

  − wie wahrscheinlich sind 5 Köpfe hintereinander

  − wie wahrscheinlich sind 8 Köpfe bei 10 Würfen

Vorgehen: Aufstellung eines mathmatischen Modells, Beantwortung der Fragen durch Rechnen und Argumentieren im Modell. Diesen Bereich – ausgehend von apriori gegebenen Wkt. auf den Ausgang von zufälligen Phänomenen zu schließen – nennt man Wahrscheinlichkeitstheorie.

Die Münze sei nun verbeult.

Frage: Mit welche Wkt. sei sie Zahl?

Vorgehen: Große Anzahl von Würfen durchführen. Man schätzt die wahre Wkt. durch die relative Häufigkeit von Zahl.

Frage: Wie gut/sicher/zuverlässig ist diese Schätzung? Diesen Bereich nennt man beurteilende oder schließende Statistik: Aus erhobenen Daten wird auf zugrundeliegende Wkten geschlossen.

Stochastik: Wahrscheinlichkeitstheorie + beurteilende Statiktik

5

Teil I
Wahrscheinlichkeitstheorie

1 Laplace-Experiment

1.1 Motivierendes Beispiel: „Das drei Würfel Problem"

Chevaliere de Méré (1607-1684):

Drei faire Spielwürfel werden gleichzeitig geworfen und man bildet die Augensumme.
Frage: Sind 11 oder 12 Augen wahrscheinlicher?

Möglichkeiten für 11 Augen	Möglichkeiten für 12 Augen
6 – 4 – 1	6 – 5 – 1
6 – 3 – 2	6 – 4 – 2
5 – 5 – 1	6 – 3 – 3
5 – 4 – 2	5 – 5 – 2
5 – 3 – 2	5 – 4 – 3
4 – 4 – 3	4 – 4 – 4
6 Möglichkeiten	6 Möglichkeiten

also sind 11 und 12 gleichwahrscheinlich
Bei häufiger Wiederholung des Experiments bemerkte de Méré jedoch, dass die relative Häufigkeit von 11 durchgängig größer war, als die von 12.

- Lösung dieses Widerspruchs durch Blaise Pascal (1623-1662)
  Denke die drei Würfel unterscheidbar:
  6 – 4 – 1: (6,4,1), (6,1,4), (4,6,1), (4,1,6), (1,6,4), (1,4,6)
  5 – 5 – 1: (5,5,1), (5,1,5), (1,5,5)
  4 – 4 – 4: (4,4,4)

- Möglichkeiten für 12: 25
  Möglichkeiten für 11: 27
  Möglichkeiten insgesamt: $6 \cdot 6 \cdot 6 = 216$

- Wkt. von 11: $\frac{27}{216} = \frac{1}{8} = 0,125$
  Wkt. von 12: $\frac{25}{216} \approx 0,116$

1.2 Weiteres Beispiel

„Force majeure – Ein Teilungsproblem"

Zwei Spiele, A und B, werfen eine faire Münze. Bei Kopf gewinnt A, bei Zahl B. Gewinner ist, wer als erster 5-mal eine Runde gewonnen hat. Durch höhere Gewalt muss das Spiel beim Stand von 4:3 für A abgebrochen werden.
Frage: In welchem Verhältnis soll der Einsatz aufgeteilt werden?

Vorschläge

- Fra Luca Pacioli (1445-1514)
  Franziskanermönch und Mathematikdozent; 4:3

- Nicole Tartaglia (1499-1557)
  Mathematiklehrer; $(5 + 4 - 3) : (5 + 3 - 4) = 6 : 4 = 3{:}2$

- Blaise Pascal: Was muss passieren, damit B gewinnt? Die nächsten beiden Würfe müssen Zahl sein mit der Wkt. $\frac{1}{2} \cdot \frac{1}{2} = \frac{1}{4}$, also Verhältnis 3:1

- Pierre de Fermat (1607-1665)
  Spiel ist spätestens nach zwei weiteren Runden beendet:

1. Runde	2. Runde	Sieger
K	K	A
K	Z	A
Z	K	A
Z	Z	B

also 3:1.

gemeinsamer Hintergrund: 10.04.2014

- endliche Menge möglicher Ergebnisse, die gleich wahrscheinlich sind

- interessierende Ereignisse (z. B. Augensumme 11) setzen sich durch mehrere Ergebnisse zusammen

- Wahrscheinlichkeit für Ereignis $= \frac{Anzahl\ günstiger\ Ergebnisse}{Anzahl\ möglicher\ Ergebnisse}$

1.3 Definition: „Laplace-Experiment" (LE)

Ein LE ist ein Paar (Ω, p) aus einer endlichen nicht leeren Menge Ω und einer Abbildung

$$p : \Omega \to [0,1] \text{ mit } p(\omega) = \frac{1}{|\Omega|}, \forall \omega \in \Omega$$

Die Abbildung ω ist kleines
                                                                                Omega
$$P : \mathcal{P}(\Omega) \to [0,1] \text{ mit } P(E) = \frac{|E|}{|\Omega|}, \forall E \in \mathcal{P}(\Omega)$$

heißt Laplace-Verteilung (LV) über Ω. p nennen wir die Laplace-Zählerdichte über Ω.

1.4 Sprechweise

Ein Element $\omega \in \Omega$ nennen wir <u>Ergebnis</u>, eine Teilmenge $E \subset \Omega$ nennen wir <u>Ereignis</u>.
Welche Mengen Ω haben wir in den Beispielen 1.1 und 1.2 benutzt?

1.1: $\Omega = \{1, ..., 6\} \times \{1, ..., 6\} \times \{1, ..., 6\} = \{1, ..., 6\}^3 = \{(\omega_1, \omega_2, \omega_3) : \omega_i \in 1, ..., 6, \forall i = 1, 2, 3\}$
         $p(\omega) = p((\omega_1, \omega_2, \omega_3)) = \frac{1}{|\Omega|} = \frac{1}{216}$

1.2: $\Omega = \{(K, K), (K, Z), (Z, K), (Z, Z)\} = \{Z, K\}^3 = \{(\omega_1, \omega_2) : \omega_i \in Z, K, \forall i = 1, 2\}$

1.5 Schreibweise: „Disjunkte Vereinigung"

Es seien Ω eine nicht leere Menge und A, B, M, A_i mit i=1,...,m Teilmengen von Ω. Wir sagen M ist die
disjunkte Vereinigung von A und B,

$$A \dot\cup B = M \Leftrightarrow M = A \cup B \ \wedge \ A \cap B = \emptyset$$

Gilt $A_i \cap A_j = \emptyset$ für alle i,j=1,...,n mit $i \neq j$, dann schreiben wir $\dot\bigcup_{j=1}^m A_j$ anstelle von $\bigcup_{j=1}^n A_j$.

1.6 Bemerkung

Es sei (Ω, p) ein LE mit LV P. Dann gilt

i) $0 \leq P(E) \leq 1, \forall E \subset \Omega$ $\Omega \subset \Omega$

ii) $P(\emptyset) = 0, P(\Omega) = 1$

iii) $P(A \dot\cup B) = P(A) + P(B)$

Beweis

i) $0 \leq |E| \leq |\Omega| \Rightarrow 0 = \frac{0}{|\Omega|} \leq \frac{|E|}{|\Omega|} \leq \frac{|\Omega|}{|\Omega|} = 1$ $P(E) = \frac{|E|}{|\Omega|}$

ii) $|\emptyset| = 0 \Rightarrow P(\emptyset) = \frac{0}{|\Omega|} = 0, P(\Omega) = \frac{|\Omega|}{|\Omega|} = 1$

iii) $|A \dot\cup B| = |A| + |B| \Rightarrow P(A \dot\cup B) = \frac{|A \dot\cup B|}{|\Omega|} = \frac{|A| + |B|}{|\Omega|} = P(A) + P(B)$

1.7 Folgerungen

i) $P(A) = 1 - P(\overline{A})$ Für $A \subset \Omega$
                                                                                definieren wir
ii) Isotomie: $A \subset B \subset \Omega \Rightarrow P(A) \leq P(B)$ $\overline{A} = \{\omega \in \Omega :$
                                                                                $\omega \notin A\}$
iii) $P(A \cup B) = P(A) + P(B) - P(A \cap B)$

iv) $A_i \subset \Omega, i = 1, ..., m.\ P(\bigcup_{i=1}^m A_i \leq \sum_{i=1}^m P(A_i)$

Beweis

i) $\Omega = (\Omega \cap A) \dot{\cup} (\Omega \cap \overline{A}) \Rightarrow 1 = P(\Omega) \overset{1.6\,iii)}{=} P(\Omega \cap A) + P(\Omega + \overline{A}) = P(A) + P(\overline{A})$. Durch Umstellen erhalten wir i).

ii) $B = (B \cap A) \dot{\cup} (B \setminus A) \overset{1.6\,iii)}{\Rightarrow} P(B) = P(B \cap A) + P(B \setminus A) = P(A) + \overset{\geq 0}{\overbrace{P(B \setminus A)}} \geq P(A)$ $B \setminus A = \{\omega \in B : \omega \notin A\}$

iii) $A \cup B = A \dot{\cup} (B \setminus A)$
$B = (B \cap A) \dot{\cup} (B \setminus A) \Rightarrow P(B) = P(A \cap B) + P(B \setminus A)$
$P(A \cup B) \overset{1.6\,iii)}{=} P(A) + P(B \setminus A) = P(A) + P(B) - P(A \cap B)$

iv) Induktion über m:

(IA) $m = 1$
$P(A_1) = \sum_{i=1}^{1} P(A_i)$

(IS) $m \to m+1$
$D := \bigcup_{i=1}^{m} A_i$
$P(\bigcup_{i=1}^{m+1} A_i) = P(D \cup A_{m+1}) \overset{1.7\,iii)}{\leq} P(D) + P(A_{m+1}) \overset{1,7\,iii)}{\leq} \sum_{i=1}^{m} P(A_i) + P(A_{m+1}) = \sum_{i=1}^{m+1} P(A_i)$

2 Die vier Grundprobleme der Kombinatorik

Die Berechnung der Wahrscheinlichkeit bestimmter Ereignisse, haben wir auf die Berechnung der Mächtigkeit bestimmter Mengen zurückgeführt. Dazu betrachten wir jetzt einige Standardsituationen:

2.1 Proposition

Wir besetzen die Stellen eines k-Tupels $(a_1, ..., a_k)$ nacheinander von links nach rechts. Dabei gebe es für die Besetzung der j-ten Stelle in dem k-Tupel i_j Möglichkeiten. Dann gibt es insgesamt $i_1 \cdot ... \cdot i_k$ Möglichkeiten.

Beweis: Per Induktion über k.

2.2 Folgerung

i) „Permutation mit Wiederholung"
Frage: Wie viele Möglichkeiten gibt es, aus eine n-elementigen Menge k Elemente herauszuziehen, wenn nach jedem Zug zurückgelegt wird und es auf die Reihenfole ankommt?
(„geordnete Probe der Länge k mit Zurücklegen")
Antwort: $PmW(n,k) = n^k$
$\Omega = \{(\omega_1, ..., \omega_k) : \omega_i \in M, i = 1, ..., k\} = M^k$ Permutation mit Wiederholung

ii) „Permutation ohne Wiederholung"
Frage: Wie viele Möglichkeiten gibt es, eine geordnete Probe der Länge k aus einer n-elementigen Menge ohne Zurücklegen zu ziehen?
$\Omega = \{(\omega_1, ..., \omega_k) \in M^k : |\{\omega_1, ..., \omega_k\}| = k\}$ Alle Elemente sind unterschiedlich
$= \{(\omega_1, ..., \omega_k) \in M^k : \omega_1 \neq \omega_j, \forall i, j = 1, ..., k, i \neq j\}$
Antwort: $|\Omega| = PoW(n,k) = \left\{ \begin{array}{ll} 0 & \text{für } k > n \\ n \cdot (n-1)...(n-k+1) & \text{für } k \leq n \end{array} \right\} = \left\{ \begin{array}{ll} 0 & \text{für } k > n \\ \frac{n!}{(n-k)!} & \text{für } k \leq n \end{array} \right\}$

2.3 Folgerung

„Kombination ohne Wiederholung"
Frage: Wie viele Möglichkeiten gibt es aus einer n-elementigen Menge eine <u>ungeordnete</u> Probe der Länge k ohne Zurücklegen zu ziehen?
Antwort: $KoW(n,k) = \left\{ \begin{array}{ll} 0 & \text{für } k > n \\ \frac{n!}{(n-k)!k!} =: \binom{n}{k} = \binom{n}{n-k} & \text{für } k \leq n \end{array} \right\}$
Beweis: Nach 2.2 ii) lässt sich eine ungeordnete Probe der Länge k auf $PoW(k,k) = k!$ viele Art und Weisen in eine geordnete Probe verwandeln. Nach 2.2 ii) wissen wir, wie viele geordnete Proben es ohne Zurücklegen gibt:
$PoW(n,k) = \frac{n!}{(n-k)!} = KoW(n,k) \cdot k! \overset{\text{umstellen}}{\Leftrightarrow} KoW(n,k) = \frac{n!}{k!(n-k)!}$

2.4 Beispiel: „Paradoxon des Chevalier de Méré

15.04.2014

Wir betrachten die beiden folgenden Ereignisse:

A: „Beim 4-fachen Würfelwurf mindestens eine 6 zu werfen"

B: „Beim 24-fachen Wurf mit 2 Würfeln mindestens eine Doppelsechs zu werfen"

„naiv" hat man sich das folgende gedacht:

$p(6) = \frac{1}{6}$, beim vierfachen Wurf: $P(A) = \frac{4}{6} = \frac{2}{3}$ $\otimes$
$p((6,6)) = \frac{1}{36}$, beim 24-fachen Wurf: $P(B) = \frac{24}{36} = \frac{2}{3}$

also sind A und B gleichwahrscheinlich.
Die Praxis zeigt aber: $P(A) > \frac{1}{2}$ und $P(B) < \frac{1}{2}$
Die Idee bei $\otimes$ muss falsch sein, da sonst die Wahrscheinlichkeit bei 12 Würfen mindestens eine 6 zu würfeln bereits bei 2 läge.

Wie geht es richtig?

- zunächst zu A
  $\Omega = \{1,...,6\} \times \{1,...,6\} \times \{1,...,6\} \times \{1,...,6\} = \{1,...,6\}^4$; $|\Omega| = 6^4$
  $\bar{A} = \{1,...,5\}^4$; $|\bar{A}| = 5^4$
  $P(\bar{A}) = \frac{5^4}{6^4}$; $P(A) = 1 - (\frac{5}{6})^4 \approx 0,581$

- zu B:
  $\Omega = \{1,...,6\}^2 \overset{24\,mal}{\times ... \times} \{1,...,6\}^2 = (\{1,...,6\}^2)^{24}$
  $|\Omega| = 36^{24}$
  $\bar{B} = \{(\omega_1,...,\omega_{24}) : \omega_i \in \{1,...,6^2\} \wedge \omega_i \neq (6,6), \forall i = 1,...,24\}$
  $|\bar{B}| = 35^{24}$, denn für jedes ω_i gibt es 35 Möglichkeiten
  $P(\bar{B}) = (\frac{35}{36})^{24}$; $P(B) = 1 - (\frac{35}{36})^{24} \approx 0,491$

2.5 Beispiel: Lotto „6 aus 49"

a) ohne Zusatzzahl: $KoW(49,6) = \binom{49}{6} = \frac{49!}{6!43!} = 13.983.816$
   $\Omega = \{\omega \subset \{1,...,49\} : |\omega| = 6\}$, $|\Omega| = \binom{49}{6}$

b) mit Zusatzzahl:
   $\Omega = \{0,...,9\} \times \{\omega \subset \{1,...,49\} : |\omega| = 6\}$
   $|\Omega| = 10 \cdot 13.983.816$

2.6 Lemma: „Rechenregeln für Binomialkoeffizienten"

(a) $\binom{n}{k} = \binom{n}{n-k}$, $\forall k \in \{0,...,n\}$

(b) $\binom{n}{0} = \binom{n}{n} = 1$, $\binom{n}{1} = n$, $\binom{n}{2} = \frac{n \cdot (n-1)}{2 \cdot 1}$

(c) $\binom{n+1}{k+1} = \binom{n}{k} + \binom{n}{k+1}$; Rekursionsformel

Beweis

(a) klar nach Definition

(b) klar nach Definition, beachte dabei: $0! = 1$

(c) Verschiedene Fälle

k<n:

$$
\begin{aligned}
\binom{n}{k} + \binom{n}{k+1} &= \frac{n!}{k!(n-k)!} + \frac{n!}{(k+1)!(n-k-1)!} \\
&= \frac{1}{(k+1)!(n-k)!}(k^2 + 1 + n - k^2) \\
&= \frac{(n+1)!}{(k+1)!(n-k)!} \\
&= \frac{(n+1)!}{(k+1)!(n+1-(k+1))!} \\
&= \binom{n+1}{k+1}
\end{aligned}
$$

k=n:

$$
\begin{aligned}
\binom{n+1}{k+1} &= \binom{n}{n} + \binom{n}{n+1} \\
1 &= 1 + 0
\end{aligned}
$$

$$\binom{n}{k} = 0 \text{ für } k>n$$

k>n:

$$
\begin{aligned}
\binom{n+1}{k+1} &= \binom{n}{k} + \binom{n}{k+1} \\
0 &= 0 + 0
\end{aligned}
$$

Lemma 2.6(c) lässt sich gut am Pascal'schen Dreieck darstellen

$$
\begin{array}{ccccccccccccc}
 & & & & & & 1 & & & & & & \\
 & & & & & 1 & & 1 & & & & & \\
 & & & & 1 & & 2 & & 1 & & & & \\
 & & & 1 & & 3 & & 3 & & 1 & & & \\
 & & 1 & & 4 & & 6 & & 4 & & 1 & & \\
 & 1 & & 5 & & 10 & & 10 & & 5 & & 1 & \\
1 & & 6 & & 15 & & 20 & & 15 & & 6 & & 1 \\
\end{array}
$$

1   7   21   35   35   21   7   1

$$
\begin{array}{ccccccccccccc}
 & & & & & & \binom{0}{0} & & & & & & \\
 & & & & & \binom{1}{0} & & \binom{1}{1} & & & & & \\
 & & & & \binom{2}{0} & & \binom{2}{1} & & \binom{2}{2} & & & & \\
 & & & \binom{3}{0} & & \binom{3}{1} & & \binom{3}{2} & & \binom{3}{3} & & & \\
 & & \binom{4}{0} & & \binom{4}{1} & & \binom{4}{2} & & \binom{4}{3} & & \binom{4}{4} & & \\
 & \binom{5}{0} & & \binom{5}{1} & & \binom{5}{2} & & \binom{5}{3} & & \binom{5}{4} & & \binom{5}{5} & \\
\binom{6}{0} & & \binom{6}{1} & & \binom{6}{2} & & \binom{6}{3} & & \binom{6}{4} & & \binom{6}{5} & & \binom{6}{6} \\
\end{array}
$$

Der Binomialkoeffizient hat seinen Namen von der binomischen Formel:

2.7 Satz: „Binomische Formeln"

$$\forall a, b \in \mathbb{R}, \ \forall n \in \mathbb{N}_0 : \ (a+b)^n = \sum_{j=0}^{n} \binom{n}{j} a^j b^{n-j}$$

Beweis

Üblich: Induktion über n.

Wir führen den Beweis jetzt mit kombinatorischen Methoden:
$(a+b)^n = (a+b) \cdot (a+b) \cdot \ldots \cdot (a+b)$

Das n-fache Produkt wird ausmultipliziert und man erhält 2^n Summanden. Jeder Summand hat die Form $a^j b^{n-j}$ mit einem $j \in \{0, ..., n\}$.

\a   b/,   \a b/,...,\a b/ (n Urnen)

Wir fassen zusammen und erhalten:
$(a+b)^n = \sum_{j=0}^{n} c_j a^j b^{n-j}$, dabei gibt c_j an, wie oft der Summand $a^j b^{n-j}$ vorkommt.

c_j = Anzahl der Möglichkeiten aus n Töpfen, die jeweils ein a und ein b enthalten j a's zu entnehmen.

Antwort: $c_j = KoW(n,j) = \binom{n}{j}$

2.8 Beispiel:

\1 2 3 4/ Wir ziehen zwei Kugeln ohne Zurücklegen, die Reihenfolge ist egal. Wie groß ist die Wahrscheinlichkeit, dass beide gezogenen Zahlen gerade sind?

Ansatz 1: (ohne Reihenfolge) $KoW(4,2)$
$\Omega = \{\omega \subset \{1,2,3,4\} : |\omega| = 2\}$
$|\Omega| = KoW(4,2) = \binom{4}{2} = \frac{4 \cdot 3}{2 \cdot 1} = 6$
$A = \{\{2,4\}\}; \ |A| = 1; \ P(A) = \frac{1}{6}$

Ansatz 2: (mit Reihenfolge)
$\Omega = \{(a,b) \in \{1,...,4\}^2 : a \neq b\} = \{1,...,4\}^2; \ |\Omega| = PoW(4,2) = 4 \cdot 3 = 12$
$A = \{(2,4),(4,2)\}; \ |A| = 2; \ P(A) = \frac{2}{12} = \frac{1}{6}$

Ansatz 3: man leert das Gefäß mit Reihenfolge
$\Omega = \{(a,b,c,d) \in \{1,...,4\}^4 : |\{a,b,c,d\}| = 4$
$|\Omega| = PoW(4,4) = 4! = 24$
$A = \{(a,b,c,d) \in \Omega : \{a,b\} = \{4,2\} \wedge \{c,d\} = \{1,3\}\}$
$|A| = PoW(2,2) \cdot PoW(2,2) = 2! \cdot 2! = 4$
$P(A) = \frac{4}{24} = \frac{1}{6}$

2.9 Kombination mit Wiederholung

22.04.2014

Frage: Gegeben sei eine n-elementige Menge M. Wie viele Möglichkeiten gibt es, eine <u>ungeordnete</u> Probe der Länge k zu ziehen?

Antwort: $KmW(n,k) = \binom{n-1+k}{k}$

Beweis:

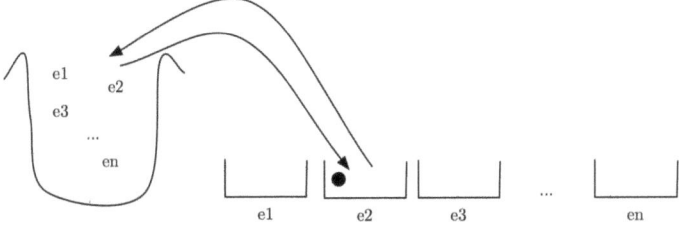

Man zieht z. B. e_2, macht für e_2 einen Punkt, legt die Kugel zurück und zieht erneut. Man endet bei einem Muster:

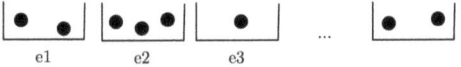

el   e2   e3   ...

Die Gesamtzahl der Kugeln ist k. Anstatt der n „Schubladen", können wir auch $n-1$ Trennstriche machen und erhalten das folgende Muster: $|..|...|.|\ ...\ |..$

Wie viele Möglichkeiten hat man für solche Muster aus k Punkten und n-1 Trennstrichen?

Wir denken uns die Punkte durchnummeriert $P_1, ..., P_k$ und die Striche durchnummeriert $S_1, ..., S_{n-1}$. Man hat $n-1+k$ Objekte, die auf $n-1+k$ Plätze ohne Zurücklegen verteilt werden. Dafür gibt es: $PoW(n-1+k, n-1+k) = (n-1+k)!$ Möglichkeiten. Z.B.: $P_7 S_3 S_4 P_5 P_1 S_6$, also $.||..|$

Um die Anzahl der Punkt-Strich-Muster zu erhalten, muss noch durch die Anzahl der Permutation der Punkte untereinander und der Striche untereinander geteilt werden:

$$KmW(n,k) = \frac{(n-1+k)!}{k!(n-1)!} = \binom{n-1+k}{k}$$

Bemerkung

Die Menge der Kombinationen mit Wiederholung lässt sich folgendermaßen notieren:

$$\Omega = \{(b_1, b_2, ..., b_n) : b_i \in \mathbb{N}_0 \forall i \in \{1, ..., n\} \wedge \sum_{i=1}^{n} b_i = k\}$$

b_1 gibt an, wie oft die erste Kugel gezogen wurde

$$|\Omega| = KmW(n,k)$$

2.10 Beispiel:

Wie viele Zahlentripel $(a,b,c) \in \mathbb{N}_0^3$ gibt es, deren Summe 100 ergibt?

Antwort: $KmW(3, 100) = \binom{102}{100} = \binom{102}{2} = \frac{102 \cdot 101}{2 \cdot 1} = 51 \cdot 101 = 5151$

Variante

Wie viele Tripel $(a,b,c) \in \mathbb{N}^3$ gibt es mit $a+b+c=100$?

Trick: $a = a'+1,\ b = b'+1,\ c = c'+1$
          Dann gilt: $(a', b', c') \in \mathbb{N}_0^3$ und $a'+b'+c' = a+b+c-3 = 97$
          $KmW(3, 97) = \binom{99}{97} = \binom{99}{2} = \frac{99 \cdot 98}{2} = 99 \cdot 49$

2.11 Beispiel: „Rote und schwarze Kugeln in einer Urne"

In einer Urne seien r rote Kugeln und s schwarze Kugeln. Wie groß ist die Wahrscheinlichkeit bei einem Zug ohne Zurücklegen von n Kugeln k rote Kugeln zu ziehen? Wir nummerieren die $N = r + s$ Kugeln durch, so dass die Kugeln $1, ..., r$ rot sind und die Kugeln $r+1, ..., N$ schwarz sind. Das zugrunge liegende (LE) ist dann

$$\Omega = \{\omega \subset \{1, ..., N\} : |\omega| = n\}$$
$$|\Omega| = KoW(N, n) = \binom{N}{n}$$
$$E = \{\omega \in \Omega : |\omega \cap \{1, ..., r\}| = k\}$$

Sei nun $\omega \in E$, also $|\omega \cap \{1, ..., r\}| = k$ (dann gibt es $\binom{r}{k}$ Möglichkeiten), dann gilt $|\omega \cap \{r+1, ..., N\}| = n-k$ (dann gibt es $\binom{N-r}{n-k}$ Möglichkeiten)

$$\Rightarrow |E| = \begin{cases} \binom{n}{k} \cdot \binom{N-r}{n-k} & falls\, k \leq r\, und\, k \leq n \\ 0 & sonst \end{cases}$$

$$P(E) = \begin{cases} \frac{\binom{r}{k} \cdot \binom{N-r}{n-k}}{\binom{N}{n}} & falls\, k \leq r\, und\, k \leq n \\ 0 & sonst \end{cases}$$

Wichtige Anwendung

N :   Anzahl der produzierten Güter

r :   Anzahl der defekten Artikel

n :   Größe einer Probe/Lieferung

k :   Anzahl der defekten Artikel in der Probe/Lieferung

$\frac{\binom{r}{k} \cdot \binom{N-r}{n-k}}{\binom{N}{n}} = H_{N,r,n}(k)$ nennt sich dann die „Hypergeometrische Verteilung"

Appendix zum Kapitel „Kombinatorik"

Um Binomialkoeffizienten zu berechnen, benötigt man die Fakultät von eventuell sehr großen Zahlen. Das ist numerisch aufwendig, z.B. mit Excel: $170! \approx 7,2574 \cdot 10^{306}$

2.12 Stirling'sche Formel

$\forall n \in \mathbb{N}$:

$$\sqrt{2\pi n} \left(\frac{n}{e}\right)^n \cdot e^{\frac{1}{12n+1}} < n! < \sqrt{2\pi n} \left(\frac{n}{e}\right)^n \cdot e^{\frac{1}{12n}}$$

d.h. $n! \sim \sqrt{2\pi n} \left(\frac{n}{e}\right)^n$ für $n \to \infty$, d.h.

$$\lim \frac{n!}{\sqrt{2\pi n} \cdot \left(\frac{n}{e}\right)^n} = 1$$

Beweis   nur für eine
                                                             gröbere Versi-
Hauptidee: Logarithmus   on

$ln(n!) = ln(1) + ln(2) + ... + ln(n)$

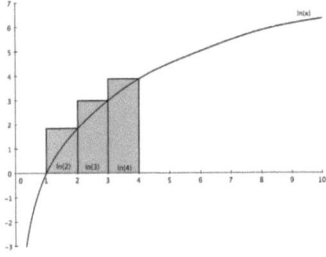

$\Rightarrow ln(n!) > \int_1^n ln(x)dx$

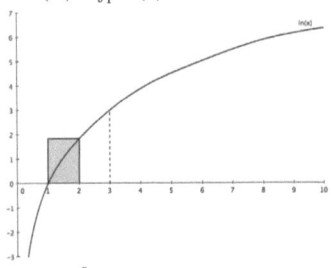

$ln(2) < \int_2^3 ln(x)dx$

$ln(3) < \int_3^4 ln(x)dx$

$ln(n!) < \int_2^{n+1} ln(x)dx$

$\int_1^n ln(x)dx < ln(n!) < \int_2^{n+1} ln(x)dx$

$n \cdot ln(n) - n + 1 = [x \cdot ln(x) - x]_1^n$ und $[x \cdot ln(x) - x]_2^{n+1} = (n+1)ln(n+1) - (n+1) - 2ln(2) + 2$

$\Rightarrow e^{n \cdot ln(n) - n + 1} = e \left(\frac{n}{e}\right)^n < n! < e^{(n+1)ln(n+1) - (n+1) - 2ln(2) + 2} = \left(\frac{n+1}{e}\right)^{n+1} \cdot \frac{e^2}{4}$

2.13 Anwendung

Wie viele Dezimalstellen hat 1000!?
$log_{10}(1) = 0$
$log_{10}(10) = 1$
$log_{10}(100) = 2$
$log_{10}(1000) = 3$
$a \in (1, 10) \Rightarrow log_{10}(a) \in (0, 1)$
$a \in (10, 100) \Rightarrow log_{10}(a) \in (1, 2)$
Anzahl der Dezimalstellen $= [log_{10}(a)] + 1$
$log_{10}(1000!) \approx log_{10}\left(\sqrt{2\pi \cdot 1000} \cdot \left(\frac{1000}{e}\right)^{1000}\right) = \frac{1}{2}log_{10}(2000\pi) + 1000 \cdot (log_{10}(1000) - log_{10}(e)) = \frac{1}{2}log_{10}(2000\pi) +$
$1000 \cdot (3 - log_{10}(e)) \approx 2567,604644$
1000! hat also 2568 Dezimalstellen.

3 Diskrete Wahrscheinlichkeitsverteilungen

24.04.2014

Wir wollen nun auch Zufallsexperimente betrachten, in denen die Ergebnisse unterschiedliche Wahrscheinlichkeiten haben dürfen., z. B. Werfen einer unfairen Münze.

3.1 Definition: Endliches Zufallsexperiment (EZ)

Ein endliches Zufallsexperiment (EZ) ist ein Paar (Ω, p) aus einer endlichen Menge $\Omega \neq \emptyset$ und einer Abbildung

$$p : \Omega \to [0, 1], \; mit \sum_{\omega \in \Omega} p(\omega) = 1$$

Die Abbildung

$$P : \mathcal{P}(\Omega) \to \mathbb{R}_0^+ = [0, \infty), \; mit \, P(E) = \sum_{\omega \in E} p(\omega), \; \forall E \subset \Omega$$

heißt die zu p gehörende Wahrscheinlichkeitsverteilung (WV) über Ω.
Es gilt:

3.2 Bemerkung

Ist (Ω, p) ein endliches Zufallsexperiment mit WV P, dann gilt:

   i) $0 \leq P(E) \leq 1, \forall E \subset \Omega$

   ii) $P(\emptyset) = 0, P(\Omega) = 1$

   iii) $P(A \dot\cup B) = P(A) + P(B), \forall A, B \subset \Omega$ mit $A \cap B = \emptyset$

Beweis

   i) $P(E) = \sum_{\omega \in E} \overbrace{p(\omega)}^{\geq 0} \leq \sum_{\omega \in \Omega} p(\omega) = 1$

   ii) $P(\emptyset) = \sum_{\omega \in \emptyset} p(\omega) = 0$
      $P(\Omega) = \sum_{\omega \in \Omega} p(\omega) = 1$

   iii) $P(A \dot\cup B) = \sum_{\omega \in A \dot\cup B} p(\omega) = \sum_{\omega \in A} p(\omega) + \sum_{\omega \in B} p(\omega) = P(A) + P(B)$

3.3 Lemma

Ist Ω eine endliche Menge, $\Omega \neq \emptyset$ und $P : \mathcal{P}(\Omega) \to \mathbb{R}_0^+$ [1] eine Abbildung mit [2] $P(A \dot\cup B) = P(A) + P(B), \forall A, B \subset \Omega$ mit $A \cap B = \emptyset$ und [3] $P(\Omega) = 1$. Dann gibt es genau ein EZ (Ω, p), sodass P die zu p gehörende WV über Ω ist.

Beweis

Wir definieren $p : \Omega \to \mathbb{R}_0^+$ vermöge $p(\omega) := P(\{\omega\})$. Wir müssen jetzt zunächst zeigen, dass $p(\omega) \in [0,1]$ und $\sum_{\omega=\Omega} p(\omega) = 1$. Sei $\omega \in \Omega$, $\Omega = \{\omega\} \dot{\cup} (\Omega \setminus \{\omega\})$

$$\Rightarrow 1 \overset{3}{=} P(\Omega) \overset{2}{=} P(\{\omega\}) + \overbrace{P(\Omega \setminus \{\omega\})}^{\geq 0} \geq \overbrace{P(\{\omega\})}^{\geq 0} = p(\omega)$$

Es gilt also $p(\omega) \in [0,1]$, $\forall \omega \in \Omega$

$$1 = P(\Omega) = P\left(\dot{\bigcup}_{\omega \in \Omega} \{\omega\}\right) \overset{2+Induktion}{=} \sum_{\omega \in \Omega} P(\{\omega\}) = \sum_{\omega \in \Omega} p(\omega)$$

Also ist (Ω, p) ein EZ.

Induktion lassen wir weg

Wir zeigen jetzt, dass P die zu p gehörende WV über Ω ist.

$$P(E) = P\left(\dot{\bigcup}_{\omega \in E} \{\omega\}\right) \overset{2}{=} \sum_{\omega \in E} P(\{\omega\}) \overset{\text{Def. von } p}{=} \sum_{\omega \in E} p(\omega)$$

Es fehlt noch die Eindeutigkeit von p:
Sei also $\widetilde{p} : \Omega \to [0,1]$ eine weitere Zähldichte, so dass P die zu $\widetilde{p}$ gehörende WV über Ω ist. Dann gilt $\forall \omega \in \Omega$
$\widetilde{p}(\omega) = P(\{\omega\}) = p(\omega)$

Fazit: Man könnte genauso gut auch die WV P als „ursprüngliches" Objekt durch [1], [2], [3] definieren.

3.4 Beispiel

Wir betrachten eine Urne mit r roten Kugeln und s schwarzen Kugeln. $N = r + s$. Mit einem Griff (ohne Zurücklegen) werden n Kugeln gezogen. Uns interessiert die Anzahl der roten Kugeln. Wir wählen als Ergebnismenge die möglichen Anzahlen an roten Kugeln: $\Omega = \{0, ..., n\}$. Mit welcher Wahrscheinlichkeit haben wir k rote Kugeln?

$$p(k) = H_{N,r,n}(k) = \frac{\binom{r}{k} \cdot \binom{N-r}{n-k}}{\binom{N}{n}}, \quad \text{für } k \in \Omega$$

Wir müssen nun zeigen, dass $H_{N,r,n}$ die Eigenschaften einer Zähldichte hat. Es gilt die „Vondermondsche Faltungsformel":

$\binom{n}{m} := 0$ für $m > n$, $n, m \in \mathbb{N}_0$

$$\binom{N}{n} = \sum_{k=0}^{n} \binom{r}{k} \cdot \binom{N-r}{n-k}$$

$\binom{N}{n}$ ist die Anzahl der n-elementigen Teilmenge einer N-elementigen Menge. $\binom{r}{k} \cdot \binom{N-r}{n-k}$ ist die Anzahl der n-elementigen Teilmengen, die genau k rote Kugeln enthalten. Aus der Faltungsformel folgt sofort $0 \leq H_{N,r,n}(k) \leq 1$, $\forall k \in \Omega$ und auch $\sum_{k=0}^{n} H_{N,r,n}(k) = 1$. Die zu $H_{N,r,n}$ gehörende WV über $\{0, ..., n\}$ heißt die <u>hypergeometrische Verteilung</u> mit Parametern N, r, n.

Erklärung

$$\sum_{k=0}^{n} H_{N,r,n}(k) = \sum_{k=0}^{n} \frac{\binom{r}{n}\binom{N-r}{n-k}}{\binom{N}{n}} = \frac{1}{\binom{N}{n}} \sum_{k=0}^{n} \binom{r}{k} \binom{N-r}{n-k} \overset{\text{Faltungsformel}}{=} \frac{\binom{N}{n}}{\binom{N}{n}} = 1$$

3.5 motivierendes Beispiel

Wir werfen eine unfaire Münze, die mit Wkt. $p \in [0,1]$ Wappen zeigt mehrere Male, z. B. 3 mal. $q = 1 - p$ ist dann die Wkt. für Zahl.

Schule: Ereignisbaum

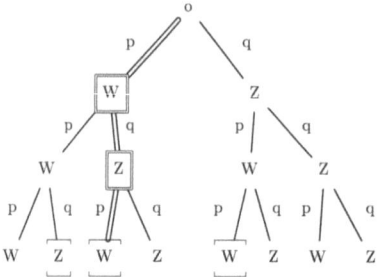

Wie berechnet sich die Wkt. z. B. für WZW plausibel: Pfadregel: $p(WZW) = p \cdot q \cdot p$

Wie berechnet sich die Wkt. für 2 mal Wappen? Plausibel: Additionsregel: Summiere die Wkt. aller günstiger Pfade: $P(2 \text{ mal Wappen}) = 3p^2 q = \binom{3}{2} p^2 q$

Dies motiviert die folgende

3.6 Definition + Satz: „n-fach unabhängige Durchführung"

a) Sei (Ω, p) ein endliches Zufallsexperiment (EZ). Dann ist $\Omega^{(n)} = \Omega \times \Omega \times \ldots \times \Omega = \Omega^n$ zusammen mit
$$p^{(n)} : \Omega^{(n)} \to \mathbb{R}_0^+$$

$$p^{(n)} \left((\omega_1, \ldots, \omega_n) \right) = p(\omega_1) \cdot \ldots \cdot p(\omega_n)$$

ein EZ und wird als „n-fache unabhängig Durchführung des EZ (Ω, p)" bezeichnet. Im Spezialfall $\Omega = \{0,1\}$ mit $p(1) = p \in [0,1]$ nennt man $(\Omega^{(n)}, p^{(n)})$ die „Bernoulli-Kette der Länge n zum Parameter p".

man geht den Wkt.-Baum lang und multipliziert die Wkten.

man addiert alle Wkten am Ende eines Astes, die das gewünschte Ereignis beschreiben

b) Es sei $n \in \mathbb{N}$, $p \in [0,1]$, dann ist das Paar (Ω, p) mit $\Omega = \{0, \ldots, n\}$ und

$$p(k) = B_{n,p}(k) = \binom{n}{k} p^k (1-p)^{n-k}$$

ein EZ und die zu $B_{n,p}$ gehörende WV über $\Omega\{0, \ldots, n\}$ nennen wir „Binomialverteilung mit Parametern n und p".

Beweis   29.04.2014

a) Wir müssen zeigen, dass
$$\sum_{(\omega_1, \ldots, \omega_n) \in \Omega} p^{(n)}((\omega_1, \ldots, \omega_n)) = 1$$

Induktion über n:
$n = 1$
$$\sum_{\omega_1 \in \Omega^{(1)}} p^{(1)}((\omega_1)) = \sum_{\omega \in \Omega} p(\omega) = 1$$

$$n \to n+1$$

$$\sum_{(\omega_1,...,\omega_{n+1}) \in \Omega^{(n+1)}} p(\omega_1) \cdot ... \cdot p(\omega_{n+1})$$

$$= \sum_{(\omega_1,...,\omega_n) \in \Omega^{(n)}} \left(\sum_{\omega_{n+1} \in \Omega} p(\omega_1) \cdot ... \cdot p(\omega_n) \cdot p(\omega_{n+1}) \right)$$

$$= \sum_{(\omega_1,...,\omega_n) \in \Omega^{(n)}} \left(p(\omega_1) \cdot ... \cdot p(\omega_n) \underbrace{\sum_{\omega_{n+1} \in \Omega} p(\omega_{n+1})}_{=1} \right)$$

$$= \sum_{(\omega_1,...,\omega_n) \in \Omega^{(n)}} p(\omega_1) \cdot ... \cdot p(\omega_n) \overset{(IV)}{=} 1$$

b) z.z.: $\sum_{k=0}^{n} p(k) = 1$

$$\sum_{k=0}^{n} \binom{n}{k} p^k (1-p)^{n-k} \overset{\text{Binomische Formel}}{=} (p + (1-p))^n = 1$$

3.7 Anmerkung

Ist $(\Omega^{(n)}, p^{(n)})$ eine Bernoulli-Kette der Länge n zum Parameter p, also $\Omega = \{0; 1\}$, $p(1) = p \in [0,1]$ und $A_k = \text{„k-Treffer"} = \{(\omega_1,...,\omega_n) \in \Omega^{(n)} : |\{i \in \{1,...,n\} | \omega_i = 1\}| = k\}$. Dann gilt:

$$P^{(n)}(A_k) = \binom{n}{k} p^k (1-p)^{n-k} = B_{n,p}(k)$$

Beweis

$$P^{(n)}(A_k) = \sum_{(\omega_1,...,\omega_n) \in A_k} p^{(n)} ((\omega_1,...,\omega_n))$$

$$= \sum_{(\omega_1,...,\omega_n) \in A_k} p(\omega_1) \cdot ... \cdot p(\omega_n)$$

$$= \sum_{(\omega_1,...,\omega_n) \in A_k} p^k \cdot (1-p)^{n-k}$$

$$= \binom{n}{k} p^k (1-p)^{n-k}$$

Sind auch unendlich viele Ergebnisse sinnvoll?

3.8 motivierendes Beispiel

Ein fairer Würfel wird mehrfach geworfen. Wann fällt zum ersten Mal eine 6?
Mögliche Ergebnisse: $\mathbb{N}$ und ∞
Welche Wahrscheinlichkeit haben diese Ergebnisse? Für die Wahrscheinlichkeit, dass im n-ten Wurf das erste Mal eine 6 geworfen wird, betrachten wir
$\left(\Omega^{(n)}, p^{(n)} \right)$ mit $\Omega = \{0, 1\}$ 0: keine 6
$p^{(n)} ((0, 0, ..., 0, 1)) = \frac{5}{6} \cdot \frac{5}{6} \cdot ... \cdot \frac{5}{6} \cdot \frac{1}{6} = \left(\frac{5}{6}\right)^{n-1} \cdot \frac{1}{6}$ 1: 6
Wie groß ist die Wahrscheinlichkeit für ∞ oft keine 6?

$$p(\infty) \le p^{(n)}((0, ..., 0)) = \left(\frac{5}{6}\right)^n, \quad \forall n \in \mathbb{N} \Rightarrow p(\infty) = 0$$

(weil $\left(\frac{5}{6}\right)^n \overset{n \to \infty}{\to} 0$)
Wir könnten also folgendes Experiment betrachten:

$$\Omega = \mathbb{N} \cup \{\infty\}; \quad p(n) = \begin{cases} \left(\frac{5}{6}\right)^{n-1} \cdot \frac{1}{6} & \forall n \in \mathbb{N} \\ 0 & n = \infty \end{cases}$$

Damit das Sinn macht, muss $\sum_{n \in \mathbb{N} \cup \{\infty\}} p(n) = 1$, da man mit Sicherheit irgendwann eine 6 würfelt, oder nie.

$$\sum_{n \in \mathbb{N} \cup \{\infty\}} p(n) = \sum_{j=1}^{n} p(j) = \sum_{j=1}^{\infty} \left(\frac{5}{6}\right)^{j-1} \cdot \frac{1}{6} = \frac{1}{6} \sum_{j=1}^{\infty} \left(\frac{5}{6}\right)^{j-1} = \frac{1}{6} \sum_{i=0}^{\infty} \left(\frac{5}{6}\right)^{i} = \frac{1}{6} \cdot \frac{1}{\frac{1}{6}} = 1$$

3.9 Definition: Abzählbar-unendliches ZE (AUZE)

Ein Paar (Ω, p) aus einer abzählbar-unendlichen Menge Ω und einer Abbildung

$$p : \Omega \to [0,1], \quad \sum_{\omega \in \Omega} p(\omega) = 1$$

heißt abzählbar-unendliches Zufallsexperiment. Die Abbildung

$$P : \mathcal{P}(\Omega) \to \mathbb{R}_0^+, \quad P(E) = \sum_{\omega \in E} p(\omega)$$

nennen wir „die zu p gehörende abzählbar-unendliche WV über Ω".

Bemerkung

Da $p(\omega) > 0 \ \forall \omega \in \Omega$ konvergiert die Reihe $\sum_{\omega \in \Omega} p(\omega)$ absolut. Nach dem Umordnungssatz kommt es also nicht auf die Reihenfolge der Summanden an:
Sei $\{\omega_1, \omega_2, ...\} = \Omega$ eine Abzählung von Ω und $\mathbb{T} : \mathbb{N} \to \mathbb{N}$ bijektiv, dann gilt:

$$\sum_{i=1}^{\infty} p(\omega_i) = \sum_{i=1}^{\infty} p\left(\omega_{\mathbb{T}(i)}\right) =: \sum_{\omega \in \Omega} p(\omega)$$

Ist $P(E)$ sinnvoll definiert für $\forall E \subset \Omega$? Ja, wegen des Majorantenkriteriums:

$$P(E) = \sum_{\omega \in E} p(\omega) = \sum_{i=1}^{\infty} \chi_E(\omega_i) p(\omega_i) \text{ mit } \chi_E(\omega) = \begin{cases} 1 & \text{falls } \omega \in E \\ 0 & sonst \end{cases}$$

3.10 Bemerkung

Sei (Ω, p) ein AUZE mit WV P. Dann gilt:

i) $0 \leq P(E) \leq 1 \ \forall E \subset \Omega$

ii) $P(\emptyset) = 0; \ P(\Omega) = 1$

iii) $P\left(\overset{\infty}{\underset{j=1}{\dot\bigcup}} A_j\right) = \sum_{j=1}^{\infty} P(A_j)$, für alle Folgen von paarweise disjunkten Teilmenken A_j (σ-Additivität).
   Die Gleichheit ist stärker als das übliche $P(A \dot\cup B) = P(A) + P(B)$

Beweis

i), ii) wie üblich. iii) folgt aus:

3.11 Satz

Ist (Ω, P) ein Paar aus einer abzählbar-unendlichen Menge Ω und einer Abbildung

$$P : \mathcal{P}(\Omega) \to [0,1], \quad P(\Omega) = 1 \text{ und } P(A \dot\cup B) = P(A) + P(B), \quad \forall A, B \subset \Omega, \ A \cap B = \emptyset$$

Dann sind die folgenden Aussagen äquivalent:

i) P ist σ-additiv

ii) $\sum_{\omega \in \Omega} P(\{\omega\}) = 1$

iii) $P\left(\overset{\infty}{\underset{j=1}{\dot\bigcup}} A_j\right) = \sum_{j=1}^{\infty} P(A_j)$

Beweis

i)⇒ii)

$$1 = P(\Omega) = P\left(\bigcup_{j=1}^{\infty}\{\omega_j\}\right) \overset{i)}{=} \sum_{j=1}^{\infty} P(\{\omega_j\}) = \sum_{\omega \in \Omega} P(\{\omega\})$$

ii)   nächsten Dienstag

iii)   Wir wissen $\sum_{\omega \in \Omega} p(\omega) = 1 \Rightarrow P(\Omega) = 1$. Z.z. bleibt $P(A \dot\cup B) = P(A) + P(B)$, dann ist Bemerkung 3.12 anwendbar.

$$P(A \dot\cup B) = \sum_{\omega \in A \dot\cup B} p(\omega) = \sum_{\omega \in A} p(\omega) + \sum_{\omega \in B} p(\omega) = P(A) + P(B)$$

ab hier mischt sich diese mit der nächsten Vorlesung

Wird mit Hilfe der nächsten Bemerkung bewiesen

3.12 Bemerkung

σ-Additivität und Existenz einer Zähldichte.
Sei (Ω, P) ein Paar aus einer abzählbar-unendlichen Menge Ω und einer Abbildung $P : \mathcal{P}(\Omega) \to \mathbb{R}_0^+$ mit $P(\Omega) = 1$ und $P(A \dot\cup B) = P(A) + P(B)$ für alle $A, B \subset \Omega$ mit $A \cap B = \emptyset$. Dann sind die folgenden Aussagen äquivalent:

i) $\sum_{\omega \in \Omega} P(\{\omega\}) = 1$

ii) $P\left(\dot{\bigcup}_{j=1}^{\infty} A_j\right) = \sum_{j=1}^{\infty} P(A_j)$, $\forall A_1, A_2, \ldots \subset \Omega$ mit $A_i \cap A_j = \emptyset$ $\forall i \neq j$

Beweis

ii)⇒i) $\Omega = \{\omega_1, \omega_2, \ldots, \}$

$$1 = P(\Omega) = P\left(\bigcup_{j=1}^{\infty}\{\omega_j\}\right) = \sum_{j=1}^{\infty} P(\{\omega_j\})$$

i)⇒ii) Wir gehen aus von $\sum_{j=1}^{\infty} P(\{\omega_j\}) = 1$. Wir zeigen zunächst $\forall A \subset \Omega : P(A) = \sum_{\omega \in A} P(\{\omega\})$. Für unendliche Mengen $A = \{\omega_1, \ldots, \omega_k\}$ gilt $P(A) = \sum_{j=1}^{k} P(\{\omega_j\})$ wegen *Bemerkung ii)* und Induktion nach $k \in \mathbb{N}$. Sei A nu abzählbar unendlich, $A = \{\omega_1, \omega_2, \ldots\}$.

$$P(A) = P(\{\omega_1, \ldots, \omega_K\} \dot\cup \{\omega_{k+1}, \ldots\}) \overset{Bemerkung\ ii)}{=} P(\{\omega_1, \ldots, \omega_k\}) + \underbrace{P(\{\omega_{k+1}, \ldots\})}_{\geq 0} \geq \sum_{j=1}^{k} P(\{\omega_j\})$$

$$\Rightarrow \quad P(A) \geq \lim_{k \to \infty} \sum_{j=1}^{k} P(\{\omega_k\}) = \sum_{\omega \in A} P(\{\omega\})$$

Wir führen dieselbe Argumentation jetzt mit $\bar{A}$ durch und erhalten:

$$
\begin{aligned}
P(\bar{A}) \quad &\geq \quad \sum_{\omega \in \bar{A}} P(\{\omega\}) \\
P(A) \overset{Bemerkung\ ii)}{=} \quad &1 - P(\bar{A}) \\
&\leq \quad 1 - \sum_{\omega \in \bar{A}} P(\{\omega\}) \\
&\overset{i)}{=} \quad \sum_{\omega \in \Omega} P(\{\omega\}) - \sum_{\omega \in A} P(\{\omega\}) \\
&= \quad \sum_{\omega \in A} P(\{\omega\})
\end{aligned}
$$

Nun zur σ-Additivität:

$$P\left(\dot{\bigcup}_{j=1} A_j\right) = \sum_{\omega \in \dot{\bigcup}_{j=1} A_j} P(\{\omega\})$$

$$\overset{\text{absolute Konvergenz}}{=} \sum_{j=1}^{\infty} \sum_{\omega \in A_j} P(\{\omega\})$$

$$= \sum_{j=1}^{\infty} P(A_j)$$

3.13 Bemerkung

Es gibt tatsächlich Abbildungen $P : \mathcal{P}(\Omega) \to \mathbb{R}_0^+$ mit $P(\Omega) = 1$ und $P(A \dot{\cup} B) = P(A) + P(B)$, die nicht σ-additiv sind. Dann existiert auch keine Zähldichte.

3.14 Beispiel

Sei $\Omega = \mathbb{N} \cup \{\infty\} = \{1, ...\} \cup \{\infty\}$, $p_0 \in [0,1]$ und $p : \Omega \to [0,1]$ definiert durch

$$p(n) = \begin{cases} (1-p)^{n-1} \cdot p & \text{falls } n \in \mathbb{N} \\ 0 & \text{falls } n = \infty \end{cases}$$

ein AUZE. Die zugehörige WV über Ω heißt <u>negative Exponentialverteilung zum Parameter p_0</u>.

Beweis

z.z.: $\sum_{n=1}^{\infty} (1-p)^{n-1} p_0 = 1$ (siehe 3.8)

3.15 Beispiel

Ist $\Omega = \mathbb{N}_0$, $\lambda > 0$ und $p : \Omega \to [0,1]$ vermöge $p(n) = \frac{\lambda^n}{n!} e^{-\lambda}$. Dann ist (Ω, p) ein AUZE und die zugehörige WV über Ω heißt <u>Poisson-Verteilung</u> zum Parameter λ.

Beweis

$$\sum_{n=0}^{\infty} \frac{\lambda^n}{n!} e^{-\lambda} = e^{-\lambda} \sum_{n=0}^{\infty} \frac{\lambda^n}{n!} = e^{-\lambda} \cdot e^{\lambda} = 1$$

06.05.2014

Zur Erinnerung: Poisson-Verteilung: $\Omega = \mathbb{N}_0, p(k) = \frac{\lambda^k}{k!} e^{-\lambda}$
Binomialverteilung: $\Omega = \{0, ..., n\}, p(k) = B_{n,p}(k) = \binom{n}{k} p^k (1-p)^{n-k}$
In bestimmten Situationen lässt sich die Binomialverteilung gut durch die Poisson-Verteilung approximieren:

3.16 Satz

Sei (p_n) eine Folge mit $p_n \in [0,1]$ und $\lim_{n \to \infty} n \cdot p_n = 1 \in \mathbb{R}^+$, dann gilt:

$$\forall k \in \mathbb{N}_0 : \lim_{n \to \infty} B_{n,p_n}(k) = \frac{\lambda^k}{k!} e^{-\lambda}$$

Angewendet wird dieser Sachverhalt in der Form:

$$B_{n,p}(k) \approx \frac{(np)^k}{k!} e^{-np}$$

für $n \gg 1$ (n viel größer als 1) und $p \ll 1$ (unnormal kleiner als 1)

Beweis

Es gilt $\lim\limits_{n\to\infty} np = 1$: $\forall \varepsilon > 0 \ \exists N \ \forall n \geq N : \lambda - \varepsilon < np < \lambda + \varepsilon$

$$\forall n \geq N : \left(1 - \frac{\lambda + \varepsilon}{n}\right)^n \leq (1 - p_n)^n = \left(1 - \frac{np_n}{n}\right)^n \leq \left(1 - \frac{\lambda - \varepsilon}{n}\right)^n$$

$\Rightarrow e^{-(\lambda - \varepsilon)} \leq \lim(1 - p_n)^n \leq e^{-(\lambda - \varepsilon)}$. Da das für alle $\varepsilon > 0$ gilt, folgt:

$$\lim_{n\to\infty}(1 - p_n)^n = e^{-\lambda}$$

$$\Rightarrow \lim_{n\to\infty} B_{n,p}(k) = \lim_{n\to\infty}\binom{n}{k}p_n^k\frac{(1 - p_n)^n}{(1 - p_n)^k}$$

$$= \frac{1}{k!}\lim_{n\to\infty}\underbrace{\frac{\overset{1}{\to}}{n\cdot(n-1)\cdot\ldots\cdot(n-k+1)}}_{k-\text{mal}}\overset{\frac{\lambda^k}{\to}}{(np_n)^k}\frac{\overset{e^{-\lambda}}{\to}}{(1-p_n)^k}$$

$$= \frac{\lambda^k}{k!}e^{-\lambda}$$

3.17 Anwendung

Wir wollen berechnen, wie wahrscheinlich es ist, beim Lotto weniger als 10-mal einen Gewinn zu haben, wenn man mehr oder weniger jede Woche tippt. Wir gehen von 3000 Tips aus.
Gewinn: mindestens 3 Richtige

p_0 :   Wahrscheinlichkeit eines Gewinns in einer Ziehung
$$\frac{\binom{6}{3}\binom{43}{3}}{\binom{49}{6}} + \frac{\binom{6}{4}\binom{43}{2}}{\binom{49}{6}} + \frac{\binom{6}{4}\binom{43}{1}}{\binom{49}{6}} + \frac{1}{\binom{49}{6}} \approx 0,01864$$

300-fache Wiederholung, die ist B_{3000,p_0}-verteilt.
A: „Weniger als 10-mal einen Gewinn"

$$P(A) = \sum_{j=0}^{9} B_{3000,p_0}(j) \approx \sum_{j=0}^{9}\frac{\lambda^j}{j!}e^{-\lambda} \quad \text{mit } \lambda = 3000 \cdot 0,0864 \approx 51,91$$

$$\approx 5,2049 \cdot 10^{-14}$$

$$\text{exakt} \quad : \quad 3,6395 \cdot 10^{-14}$$

Weitere Verallgemeinerungen von Zufallsexperimenten? Was ist mit überabzählbaren Mengen Ω, z. B. $\Omega = \mathbb{R}$? Wie verträgt sich das mit dem Konzept der Zähldichte? Antwort: Schlecht!

$$1 = \sum_{\omega\in\Omega} p(\omega) = \sum_{\omega\in\Omega,\, p(\omega)\geq 1} p(\omega) + \sum_{\omega\in\Omega,\, \frac{1}{2}\leq p(\omega)<1} p(\omega) + \sum_{\omega\in\Omega,\, \frac{1}{3}\leq p(\omega)<1} p(\omega) + \ldots$$

Angenommen es gibt überabzählbar viele $\omega \in \Omega$ mit $p(\omega) \neq 0$. Dann müssen in einem Summand unendlich viele davon auftreten. Dann ist die rechte Seite aber ∞. Da wir im Rahmen dieser Vorlesung das Konzept der Zähldichte nicht aufgeben wollen, können wir nur sehr moderat verallgemeinern:

3.18 Definition: diskretes Zufallsexperiment (DZE)

Ein paar (Ω, p) aus einer beliebigen Menge $\Omega \neq \emptyset$ und einer Abbildung $p : \Omega \to [0,1]$, zu der es eine abzählbare Menge $\Omega^* \subset \Omega$ gibt mit:

$$p(\omega) = \begin{cases} = 0 & \text{für } \omega \in \Omega \setminus \Omega^* \\ p(\omega) > 0 & \text{für } \omega \in \Omega^* \end{cases}$$

nennen wir diskretes Zufallsexperiment.$\sum_{\omega\in\Omega^*} p(\omega) = 1$. Dabei heißt Ω^* der Träger vin p_0, p heißt diskrete Zähldichte und die Abbildung:

$$P : \mathcal{P}(\Omega) \to \mathbb{R}_0^+, \ P(E) = \sum_{\omega\in\Omega^*\cap E} p(\omega)$$

heißt die zu p diskrete Wahrscheinlichkeitsverteilung (WV) über Ω.

3.19 Bemerkung

08.05.2014

Jedes endliche und jedes anzählbar-unendliche ZE ist ebenfalls ein DZE mit $\Omega^* = \{\omega \in \Omega : p(\omega) > 0\}$

3.20 Beispiele

a) Würfelwurf:

$\Omega = \mathbb{R};\ \Omega^* = \{1, \ldots, 6\}$

$$p(\omega) = \begin{cases} \frac{1}{6} & \text{falls } \omega \in \Omega^* \\ 0 & \text{sonst} \end{cases}$$

b) $\Omega = \mathbb{R};\ \Omega^* = \mathbb{Q} = \{q_1, q_2, \ldots\}$ Abzählung ohne Wiederholung

$p(q_i) = \frac{1}{2^i}$ für $q_i \in \mathbb{Q}$ und $p(\omega) = 0$ für $\omega \in \mathbb{R} \setminus \mathbb{Q}$

zu prüfen:

$$\sum_{j=1}^{\infty} p(\omega) = \sum_{j=1}^{\infty} p(q_i) = \sum_{j=1}^{\infty} \frac{1}{2^j} = \sum_{j=0}^{\infty} \left(\frac{1}{2}\right)^j - 1 = \frac{1}{1 - \frac{1}{2}} - 1 = 2 - 1 = 1$$

3.21 Lemma

Es sei (Ω, p) ein DZE und P die zugehörige WV. Dann gelten:

i) $0 \leq P(A) \leq 1;\ \forall A \subset \Omega$

ii) $P(\emptyset) = 0;\ P(\Omega) = 1$

iii) $P\left(\bigcup_{j=1}^{\infty} A_j\right) = \sum_{j=1}^{\infty} P(A_j),\ \forall A_1, A_2, \ldots \subset \Omega$ mit $A_i \cap A_j = \emptyset$ für $i \neq j$

Beweis

Vgl. 1.6 bzw. 3.11

3.22 Lemma

Ist (Ω, p) ein DZE mit zugehöriger WV P, dann gilt:

i) $P(\overline{A}) = 1 - P(A),\ \forall A \subset \Omega$

ii) $A \subset B \Rightarrow P(A) \leq P(B),\ \forall A, B \subset \Omega$

iii) $P\left(\bigcup_{j=1}^{\infty} A_j\right) \leq \sum_{j=1}^{\infty} P(A_j),\ \forall A_1, A_2, \ldots \subset \Omega$ (σ-Subadditivität)

Beweis

Für i) und ii) vgl. 1.7

zu iii)

$$P\left(\bigcup_{j=1}^{\infty} A_j\right) = \sum_{\omega \in \Omega^* \cap \bigcup_{j=1}^{\infty} A_j} p(\omega) \leq \sum_{j=1}^{\infty} \sum_{\omega \in \Omega^*, \omega \in A_j} p(\omega) = \sum_{j=1}^{\infty} P(A_j)$$

3.23 Satz

Es seien $\Omega \neq \emptyset$ eine beliebige Menge und $P : \mathcal{P}(\Omega) \to [0,1]$. P sei σ-additiv und es gebe eine abzählbare Teilmenge $\Omega^* \subset \Omega$ mit $P(\Omega^*) = 1$. Dann gibt es genau ein DZE (Ω, p), sodass P die zu p gehörende WV über Ω ist.

Beweis

Übung

3.24 Satz (Inklusions-Exklusions-Formel)

Die Inklusions-Exklusions-Formel von Sylvester-Poincaré

Ziel   Berechnung von Wahrscheinlichkeiten von nicht-disjunkten Vereinigungen.

Es seien (Ω,p) ein DZE mit WV P, $A_1,\dots,A_k \subset \Omega$. Dann gilt:

$$P\left(\bigcup_{j=1}^{k} A_j\right) = \sum_{j=1}^{k}(-1)^{j+1} \sum_{1\le i_1 \le i_2 \le \dots \le i_j \le k} P(A_{i_k} \cap \dots \cap A_{i_k})$$

für $k=2$: $P(A_1 \cup A_2) = \underbrace{P(A_1) + P(A_2)}_{j=1} - \underbrace{P(A_1 \cap A_2)}_{j=2}$

für $k=3$: (vgl. Übung)
$P(A_1 \cup A_2 \cup A_3) = P(A_1) + P(A_2) + P(A_3) - (P(A_1 \cap A_2) + P(A_1 \cap A_3) + P(A_2 \cap A_3)) + P(A_1 \cap A_2 \cap A_3)$

(margin note:) A_1 und A_2 nicht disjunkt, also wurde der Schnitt doppelt berechnet

Beweis per Induktion über k

$k=1$ $\checkmark$

$k=2$ $P(A_1 \cup A_2) = P(A_1 \dot\cup (A_2 \setminus A_2)) = P(A_1) + P(A_2 \setminus A_1)$
 $P(A_2) = P((A_1 \cap A_2) \dot\cup (A_2 \setminus A_1)) = P(A_1 \cap A_2) + P(A_2 \setminus A_1)$
 (aus beiden Zeilen folgt:) $P(A_1 \cup A_2) = P(A_1) + P(A_2) - P(A_1 \cap A_2)$

$k \to k+1$ $A_1,\dots,A_{k+1} \subset \Omega$ liegen vor. $B_1 := \bigcup_{j=1}^{k} A_j$; $B_2 := A_{k+1}$

$$P\left(\bigcup_{j=1}^{k+1} A_j\right) \;=\; P(B_1 \cup B_2) \overset{k=2}{=} P(B_2) + P(B_1) - P(B_1 \cap B_2)$$

$$\overset{(IV)}{=} \sum_{j=1}^{k}(-1)^{j+1} \sum_{1\le i_1 < \dots < i_j \le k} P(A_{i_1} \cap \dots \cap A_{i_j}) + P(A_{k+1}) - P\left(\overbrace{\bigcup_{l=1}^{k}(A_l \cap A_{k+1})}^{\text{De-Morgan}}\right)$$

$$= \sum_{j=1}^{k}(-1)^{j+1} \sum_{1\le i_1 < \dots < i_j \le k} P(A_{i_1} \cap \dots \cap A_{i_j}) + P(A_{k+1})$$

$$- \sum_{j=1}^{k}(-1)^{l+1} \sum_{1\le i_1 < \dots < i_k \le k} P(A_{i_1} \cap \dots \cap A_{i_k} \cap A_{k+1})$$

$$= \sum_{j=1}^{k+1}(-1)^{j+1} \sum_{1\le i_1 < \dots < i_j \le k+1} P(A_{i_1} \cap \dots \cap A_{i_j})$$

$\square$

Es folgt eine Anwendung der I-E-Formel:

3.25 Anwendung („Wichteln"; fixpunktfreie Permutation)

Wie hoch ist die Wahrscheinlichkeit, dass beim Wichteln unter n Personen mindestens einer sein eigenes Geschenk zieht?

Modellierung $\Omega = \{(i_1,\dots,i_n) \in \{1,\dots,n\}^n : |\{i_1,\dots,i_n\}| = n\}$
 $|\Omega| = PoW(n,n) = n!$ („p = gleichverteilt")
 $E_j = \{(i_1,\dots,i_n) \in \Omega : i_j = j\}$ „Die j-te Person zieht sich selber."
 $E = \bigcup_{j=1}^{n} E_j$; „Mindestens eine Perosn zieht sich selber."
 nach 3.24 gilt:

$$P(E) = \sum_{j=1}^{n}(-1)^{j+1} \sum_{1\le i_1 < \dots < i_j \le n} P(E_{i_1} \cap \dots \cap E_{i_j})$$

$$E_{i_1} \cap \ldots \cap E_{i_j} = \left\{ (a_1, \ldots, a_n) \in \Omega : a_{i_1} = i_1 \wedge a_{i_2} = i_2 \wedge \ldots \wedge a_{i_j} = i_j \right\}$$

Die $n - j$-Einträge, die nicht auf sich selber landen, können wir auf den verbleibenden $n - j$ Plätzen ohne Wiederholung verteilen.

$$\Rightarrow |E_{i_1} \cap \ldots \cap E_{i_j}| = (n - j)! = PoW(n - j, n - j)$$

$$\Rightarrow n! \cdot P(E) \quad = \quad \sum_{j=1}^{n} (-1)^{j+1} \sum_{1 \leq i_1 < \ldots < i_j \leq n} (n-j)! = \sum_{j=1}^{n} (-1)^{j+1} (n-j)! \binom{n}{j} = \sum_{j=1}^{n} (-1)^{j+1} \frac{n!}{j!}$$

$$\Rightarrow P(E) \quad = \quad \sum_{j=1}^{n} \frac{(-1)^{j+1}}{j!} = \sum_{j=0}^{n} \frac{(-1)^{j+1}}{j!} + 1 = 1 - \sum_{j=0}^{n} \frac{(-1)^{j}}{j!}$$

$$\overset{\text{für } n \to \infty}{\longrightarrow} \quad 1 - \frac{1}{e}$$

Für große Mengen ist die Wahrscheinlichkeit einer fixpunktfreien Permutation ungefähr $\frac{1}{e}$.

3.26 Sprachgebrauch

Realität	Modell
Menge der möglichen Ergebnisse	$\Omega \neq \infty$
mögliches Ergebnis	$\omega \in \Omega$
Ereignis	$E \subset \Omega$
unmögliches Ereignis	$\emptyset$
sicheres Ereignis	Ω
A oder B tritt ein	$A \cup B$
A und B treten ein	$A \cap B$
mindestens eines der Ereignisse $A_1, \ldots, A_n$ tritt ein	$\bigcup_{j=1}^{n} A_j$
alle Ereignisse $A_1, \ldots, A_n$ treten ein	$\bigcap_{j=1}^{n} A_j$
das Eintreten von A impliziert das Eintreten von B	$A \subset B$
A und B können nicht gleichzeitig eintreten	$A \cap B = \emptyset$
A ist wahrscheinlicher als B	$P(A) \geq P(B)$
A tritt unmögliche ein	$P(A) = 0$

4 Zufallsgrößen

4.1 motivierendes Beispiel

Wir würfeln drei Laplace-Würfel und notieren die Augensumme.   13.05.2014

$\Omega' = \{3, \dots, 18\}$

k'	$p'(k')$
3, 18	$\frac{1}{216}$
4, 17	$\frac{3}{216}$
5, 16	$\frac{6}{216}$
6, 15	$\frac{10}{216}$
7, 14	$\frac{15}{216}$
8, 13	$\frac{21}{216}$
9, 12	$\frac{25}{216}$
10, 11	$\frac{27}{216}$

Wie kommt man zu diesen Wahrscheinlichkeiten?
$\Omega = \{1, \dots, 6\}^3$, LE
$E_{k'} = \{(a,b,c) \in \Omega : a+b+c = k'\}$
Wir definieren die Augensummenabbildung:
$X : \Omega \to \Omega'$, $(a,b,c) \mapsto a+b+c$
$E_{k'} = \{(a,b,c) \in \Omega : X((a,b,c)) = k'\} = X^{-1}(\{k'\})$ Urbildabbildung
$p'(k') = \frac{|E_{k'}|}{|\Omega|} = P(E_{k'}) = P\left(X^{-1}(\{k'\})\right)$
Sei nun $E' \subset \Omega'$. Dann gilt:

$$P'(E') = \sum_{k' \in E'} p'(k') = \sum_{k' \in E'} P\left(X^{-1}(\{k'\})\right)$$
$$\overset{\text{Additivität}}{=} P\left(\bigcup_{k' \in E'} X^{-1}(\{k'\})\right) = P(X^{-1}(E'))$$

Verallgemeinerung

4.2 Lemma

Seien (Ω, p) ein DZE mit WV P, $\Omega' \neq \emptyset$ eine beliebige Menge und $X : \Omega \to \Omega'$ eine Abbildung. Dann ist mit $p'(\omega') := P\left(X^{-1}(\{\omega'\})\right)$, $\forall \omega' \in \Omega'$ das Paar (Ω', p') ebenfalls ein DZE. Für die zugehörige WV P' gilt:
$P^X(E') = P'(E') = P\left(X^{-1}(E')\right)$

Beweis

(1) $p'(\omega') = P\left(X^{-1}(\{\omega'\})\right) \in [0,1]$, gilt

(2) (Ω', p') hat abzählbaren Träger: $\Omega^* \subset \Omega$
Sei der Träger von (Ω, p). Wir zeigen, dass $X(\Omega^*)$ der Träger von (Ω', p') ist.
Sei also $\omega' \in \Omega' \setminus X(\Omega^*)$.

$$p'(\omega') = P\left(X^{-1}(\omega')\right) = \sum_{\omega \in \underbrace{X^{-1}(\omega') \cap \Omega^*}_{= \emptyset}} p(\omega) = 0$$

Sei nun $\omega' \in X(\Omega^*)$, dann gilt:

$$p'(\omega') = P\left(X^{-1}(\omega')\right) = \sum_{\omega \in \underbrace{X^{-1}(\omega') \cap \Omega^*}_{= \emptyset}} p(\omega) > 0$$

$\Rightarrow (\Omega')^* = X(\Omega^*)$. Dann ist $(\Omega')^*$ als Bild einer abzählbaren Menge ebenfalls abzählbar.

25

(3) z.z.: $\sum_{\omega' \in (\Omega')^*} p'(\omega') = 1$.

$$\sum_{\omega' \in (\Omega')^*} P\left(X^{-1}(\{\omega'\})\right) = \sum_{\omega' \in (\Omega')^*} \sum_{\omega \in X^{-1}(\{\omega'\}) \cap \Omega^*} p(\omega) = \sum_{\omega \in \Omega^*} p(\omega) = 1$$

$(1),(2),(3) \Rightarrow (\Omega',p')$ ist ein DZE mit Träger $(\Omega')^* = X(\Omega^*)$. Die Behauptung über die induzierte WV $P'(E') = P(X^{-1}(E'))$ zeigt man wortwörtlich wie in 4.1.

4.3 Bezeichnungen und Schreibweisen

a) Ist (Ω, p) ein DZE, $X : \Omega \to \Omega'$ eine Abbildung, so heißt die zum ZE (Ω', p') gehörige WV $P^X = P'$ die von X induzierte Verteilung oder die Verteilung von X.

b) Ist $X : \Omega \to \mathbb{R}$, so nennt man X eine <u>Zufallsgröße</u> (ZG). Statt $p'(x) = P^X(x) = P(X = x)$. Statt
$$P^X(\underset{\subset \mathbb{R}}{E'}) = P(X \in E')$$
„$X \in E'$" bedeutet also: $X^{-1}(E') = \{\omega \in \Omega : X(\omega) \in E'\}$

$X = x$ bedeutet also $\{\omega \in \Omega : X(\omega) = x\} = X^{-1}(\{x\})$

4.4 Beispiel

(Ω, p) sei ein DZE mit WV P und $A \subset \Omega$. Betrachte:

$$\mathbb{1}_A : \Omega \Rightarrow \mathbb{R}, \ \mathbb{1}_A(\omega) = \begin{cases} 1 & \text{falls } \omega \in A \\ 0 & \text{falls } \omega \notin A \end{cases}$$

Sei nun $M \subset \mathbb{R}$, dann gilt

$$P^{\mathbb{1}_A}(M) = P(\mathbb{1}_A \in M) = \begin{cases} 0 & \text{falls } 0 \notin M \wedge 1 \notin M \\ P(A) & \text{falls } 1 \in M \wedge 0 \notin M \\ 1 = P(\Omega) & \text{falls } 1 \in M \wedge 0 \in M \\ P(\overline{A}) & \text{falls } 0 \in M \wedge 1 \notin M \end{cases}$$

4.5 Beispiel

Sei $\Omega = \{0,1\}$ mit $p(1) = p_0$ und $\left(\Omega^{(n)}, p^{(n)}\right)$ sei die zugehörige Bernoulli-Kette der Länge n. Wir betrachten die ZG „Anzahl der Einsen (Treffer)":
$X_i : \Omega^{(n)} \to \mathbb{R}, (\omega_1, \ldots, \omega_n) \mapsto |\{j : \omega_j = 1\}|$ (Alternative: $X : \Omega^{(n)} \to \mathbb{R}, (\omega_1, \ldots, \omega_n) \mapsto \omega_i$. $X := \sum_{i=1}^{n} X_i$)
Dann gilt:

$$p^X(x) = P^{(n)}(X = x) = \begin{cases} 0 & \text{falls } x \notin \{0, \ldots, n\} \\ B_{n,p_0}(x) & \text{falls } x \in \{0, \ldots, n\} \end{cases}$$

Beweis

$k \in \{0, \ldots, n\}, \ (X = k) = X^{-1}(\{k\}) = \left\{(\omega_1, \ldots, \omega_n) \in \Omega^{(n)} : \text{Anzahl der 1en} = k\right\}$. Nach 3.6 gilt $P^{(n)}(X = k) = B_{n,p_0}(k)$

4.6 Beispiel

Sind $N, r, n \in \mathbb{N}$, $N \geq n, r$. (Ω, p) das LE über $\Omega := \{S \subset \{1, \ldots, N\} : |S| = n\}$ und $X : \Omega \to \mathbb{R}$ sei definiert durch $X(S) := |S \cap \{1, \ldots, r\}|$ („Anzahl der roten Kugeln"). Dann gilt $P(X = k) = H_{N,n,r}(k)$

Beweis

2.15 und 3.14

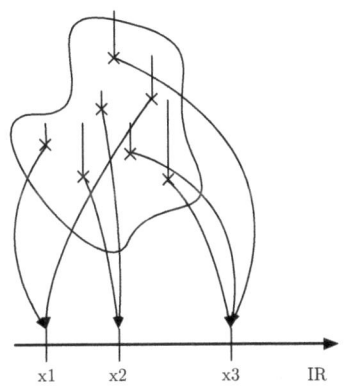

x1   x2   x3   IR

15.05.2014

4.7 Bemerkung

a) Jede WV lässt sich als durch eine Abbildung induzierte WV auffassen. Betrachte nämlich:
id $: \Omega \to \Omega$. $P\left(X^{-1}(E)\right) = P(X \in E)$, $P^{\mathrm{id}}(E) = P\left(\mathrm{id}^{-1}(E)\right) = P(E)$

b) Gilt $p^{X_1} = p^{X_2}$ mit $X_1, X_2 : \Omega \to \Omega'$ folgt i. A. <u>nicht</u> $X_1 = X_2$.
(Ω, p), $X \overset{\text{bestimmt eindeutig}}{\to} P^X$,
andererseits
(Ω, p), $X \overset{\text{legt nicht eindeutig fest}}{\nrightarrow} X$
$X : \Omega \to \mathbb{R}$ heißt Zufallsgröße ZG. Mit den Werten von ZGen kann man rechnen und so weitere Kennwere definieren:

4.8 motivierendes Beispiel

Bei einem Glücksspiel setzt man einen Einsatz von soundsoviel Euro. Dann wird ein fairer Würfel einmal geworfen und man erhält als Brutto-Gewinn das Quadrat der Augensumme in Euro. Bis zu welchem Einsatz würden Sie mitspielen?
zugrundeliegendes ZE: (Ω, p) mit $\Omega = \{1, \ldots, 6\}$ und Laplace-Verteilung $X : \Omega \to \mathbb{R}$, $\omega \mapsto \omega^2$. Wir berechnen P^X:

$$P(X = x) = \begin{cases} \frac{1}{6} & \text{falls } x \in \{1, 4, 9, 16, 25, 36\} \\ 0 & \text{sonst} \end{cases}$$

Aus der Alltangs erfahrung erwarten wir, dass bei sehr vielen Würfen $N \gg 1$ in $\frac{N}{6}$ der Fälle ω^2 fällt für $\omega = 1, \ldots, 6$. Bei N-Würfen erwarten wir also den Bruttogewinn:
$\frac{N}{6} \cdot (1^2 + 2^2 + 3^2 + 4^2 + 5^2 + 6^2) = N \cdot \frac{91}{6} = N \cdot 15, 1\overline{6}$
Bei jedem Einsatz bis 15,16€ kann man also auf lange Sicht einen Gewinn erwarten.

4.9 Definition (Erwartungswert)

Sei X eine ZG mit WV P^X und es gelte

$$\sum_{x \in \mathbb{R}} |x| \cdot P(X = x) = \sum_{\substack{x \in \mathbb{R} \\ P(X=x)>0}} |x| \cdot P(X = x) < \infty \qquad \circledast$$

Dann definieren wir den <u>Erwartungswert</u> von X als

$$E(X) = \sum_{x \in \mathbb{R}} x \cdot P(X = x) = \sum_{\substack{x \in \mathbb{R} \\ P(X=x)>0}} x \cdot P(X = x)$$

Dabei garantiert die Bedingung $\circledast$ die absolute Konvergenz der Reihe $\sum_{x \in \mathbb{R}} x \cdot P(X = x)$

4.10 Beispiel für eine ZG ohne Erwartungswert

$$\Omega = \mathbb{R}, \ p(\omega) = \begin{cases} \frac{3}{\pi^2} \cdot \frac{1}{\omega^2} & \text{falls } \omega \in \mathbb{Z} \setminus \{0\} \\ 0 & \text{sonst} \end{cases}$$

(Ω, p) ist DZE mit $\Omega^* = \mathbb{Z} \setminus \{0\}$ abzählbar und es gibt

$$\sum_{\omega \in \mathbb{R}} p(\omega) = \sum_{\omega \in \mathbb{Z} \setminus \{0\}} \frac{3}{\pi^2} \cdot \frac{1}{\omega^2} = \frac{2 \cdot 3}{\pi^2} \cdot \underbrace{\sum_{k=1}^{\infty} \frac{1}{k^2}}_{= \frac{\pi^2}{6}} = 1$$

Betrachte $X = \mathrm{id}|_{\mathbb{R}}$. X hat keinen Erwartungswert, denn

$$\sum_{x \in \mathbb{R}} |x| \cdot P(X = x) = \sum_{x \in \mathbb{Z} \setminus \{0\}} |x| \cdot \frac{3}{\pi^2} \cdot \frac{1}{x^2} = \frac{2 \cdot 3}{\pi^2} \cdot \sum_{k=1}^{\infty} \frac{1}{k} = \infty$$

Wir berechnen nun einige EW bekannter Verteilungen.

4.11 Würfeln mit „großem Würfel"

$n \in \mathbb{N}$, $\Omega = \{1, \dots, n\}$ mit p LV (Laplace-Verteilung, jedes Element ist gleichverteilt) und $X : \Omega \to \mathbb{R}$, $\omega \mapsto \omega$

$$E(X) = \sum_{x \in \mathbb{R}} x \cdot P(X = x) = \sum_{k=1}^{n} k \cdot P(X = k) = \frac{1}{n} \cdot \sum_{k=1}^{n} k = \frac{1}{n} \cdot \frac{n \cdot (n+1)}{2} = \frac{n+1}{2}$$

4.12 Erwartungswert der Binomial-Verteilung

Die ZG X sei Binomial-verteilt mit Parametern n und $p_0 \in [0,1]$, d. h. $P(X = x) = \begin{cases} B_{n,p_0}(x) & \text{falls } x \in \{0, \dots, n\} \\ 0 & \text{sonst} \end{cases}$.

Dann gilt:

$$E(X) = \sum_{x \in \mathbb{R}} x \cdot P(X = x) = \sum_{k=0}^{n} k \cdot B_{n,p_0}(k) = \underset{\text{oder } 1}{\sum_{k=0}^{n}} k \cdot \binom{n}{k} p_0^k \cdot (1 - p_0)^{n-k}$$

$$\left[k \cdot \binom{n}{k} = \frac{k \cdot n!}{k!(n-k)!} = n \cdot \frac{(n-1)!}{(k-1)!(n-1-(k-1))!} = n \cdot \binom{n-1}{k-1} \right]$$

$$= n \cdot \sum_{k=1}^{n} \binom{n-1}{k-1} p_0^{k-1} \cdot (1 - p_0)^{(n-1)-(k-1)}$$

$$(j = k - 1) \quad = \quad n \cdot p_0 \cdot \underbrace{\sum_{j=0}^{n-1} \binom{n-1}{j} p_0^j (1 - p_0)^{(n-1)-j}}_{= (p_0 + 1 - p_0)^{n-1} = 1}$$

$$= n \cdot p_0$$

Interpretation

Bei einer Bernoulli-Vrteilung der Länge n, in der ein Treffer die Wahrscheinlichkeit p_0 hat erwarten wir np_0 Treffer.

4.13 Erwartungswert der Poisson-Verteilung zum Parameter $\lambda > 0$

X sei Poissonverteilt, d. h. $P(X = x) = \begin{cases} \frac{\lambda^x}{x!} e^{-\lambda} & \text{falls } x \in \mathbb{N}_0 \\ 0 & \text{sonst} \end{cases}$

$$E(X) = \sum_{x \in \mathbb{R}} x \cdot P(X = x) = \sum_{k=0}^{\infty} k \cdot \frac{\lambda^k}{k!} e^{-\lambda} = \sum_{k=1}^{\infty} \frac{\lambda^{k-1}}{(k-1)!} e^{-\lambda} = \lambda \cdot \underbrace{\sum_{j=1}^{\infty} \frac{\lambda^j}{j!} e^{-\lambda}}_{=1} = \lambda$$

4.14   EW für hypergeometrisch verteilte ZG

$N, n, r \in \mathbb{N}$, $N \geq n, r$, X sei $H_{N,n,r}$−verteilt.

$$
\begin{aligned}
E(X) &= \sum_{x \in \mathbb{R}} x \cdot P(X = x) = \sum_{k=0}^{n} k \cdot P(X = k) = \sum_{\substack{k=0 \\ \text{oder 1}}}^{n} k \cdot \frac{\binom{r}{k} \cdot \binom{N-r}{n-k}}{\binom{N}{n}} \\
&= \frac{r \cdot \binom{N-1}{n-1}}{\binom{N}{n}} \cdot \sum_{k=1}^{n} \frac{\binom{r-1}{k-1}\binom{N-r}{(n-1)-(k-1)}}{\binom{N-1}{n-1}} = r \cdot \frac{\binom{N-1}{n-1}}{\binom{N}{n}} \underbrace{\sum_{j=0}^{n-1} \frac{\binom{r-1}{j}\binom{N-1-(r-1)}{n-1-j}}{\binom{N-1}{n-1}}}_{=1} \\
&= r \cdot \frac{(N-1)! n! (N-n)!}{(n-1)!(N-n)! N!} = n \cdot \frac{r}{N}
\end{aligned}
$$

Interpretation

Zieht man aus einer Urne mit N Kugeln, von denen r rot sind, n Kudeln raus, so erwartet man $n \cdot \frac{r}{N}$ rote Kugeln.

4.15   EW für negative Binomialverteilung

X sei negativ Binomial-verteilt mit Parameter $p_0 \in [0,1]$, dann gilt:

$$
E(X) = \sum_{x \in \mathbb{R}} x \cdot P(X = x) = \sum_{k=1}^{\infty} k \cdot (1.p_0)^{k-1} p_0
$$

neg.B.: Wkt. im n-ten Wurf eine 4 zu würfeln

Es gilt für $|x| < 1$: $\sum_{j=0}^{\infty} x^j = \frac{1}{1-x}$ (geometrische Reihe). Wir leiten auf beiden Seiten ab und erhalten:

$$
\left(\sum_{j=0}^{\infty} x^j \right)' = \sum_{j=0}^{\infty} j \cdot x^{j-1} = \left(\frac{1}{1-x} \right)' = + \left(\frac{1}{1-x} \right)^2
$$

Setze $x = 1 - p_0$:

$$
\sum_{j=1}^{\infty} j \cdot (1-p_0)^{j-1} \cdot p_0 = p_0 \cdot \left(\frac{1}{1-(1-p_0)^2} \right)^2 = \frac{1}{p_0}
$$

4.16 Beispiel

20.05.2014

Eine Bevölkerungsgruppe soll durch einen Bluttest auf eine Krankheit gestestet werden. Es sei ein Anteil $q \in [0,1]$ der Bevölkeung erkrankt, der Anteil $1 - q$ gesund.

Strategie 1: Alle Leute werden gestestet.

Strategie 2: Man vermischt das Blut von s Leuten und testet die Mischung. Ist der Test positiv, testet man alle s Leute einzeln.

Fragen

a) Wie groß sollte man s wählen, sodass man möglichst wenig Tests benötigt?

b) Welche Strategie ist günstiger, anhängig von q?

Antwort: Modellierung

Für $s \ll N$ können wir die Untersuchung von s Leuten als Bernoulli-Kette der Länge s auffassen mit $\Omega_0 = \{0,1\}$ und dem Parameter q. 1 für krank und 0 für gesund. Die ZG X soll jetzt angeben, wieviele Tests wir für die Gruppe von s Leuten brauchen:

$$X : \Omega^{(s)} \to \mathbb{R}, \ (\omega_1, \ldots, \omega_s) \mapsto \begin{cases} 1 & \text{falls } (\omega_1, \ldots, \omega_s) = (0, \ldots, 0) \\ s + 1 & \text{sonst} \end{cases}$$

Wir berechnen den Erwartungswert

$$\begin{aligned} E(X) &= \sum_{x \in \mathbb{R}} x \cdot P(X = x) \\ &= 1 \cdot (1 - q)^s + (s + 1) \cdot (1 - (1 - q)^s) \\ &= s + 1 - s \cdot (1 - q)^s \end{aligned}$$

Für die Gesamtpopulation erwarten wir also: $\frac{N}{s} \cdot [s + 1 - s \cdot (1 - q)^s]$ Tests nach Stratiegie 2. Um das optimale s zu finden, minimieren wir die Funktion $g(s) = 1 + \frac{1}{s} - (1 - q)^s$ auf $(0, \infty)$.

- $\lim\limits_{s \to 0} g(s) = \infty; \quad \lim\limits_{s \to \infty} g(s) = 1$

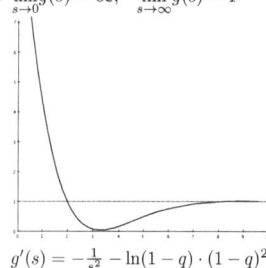

$g'(s) = -\frac{1}{s^2} - \ln(1 - q) \cdot (1 - q)^2$
Hat g' Nullstellen auf $(0, \infty)$

$\lim\limits_{s \to 0} g'(s) = -\infty; \quad \lim\limits_{s \to \infty} g'(s) = +0$ (numerisch ausprobieren)

$(1 - q)^s = e^{\ln(1-q) \cdot s}$

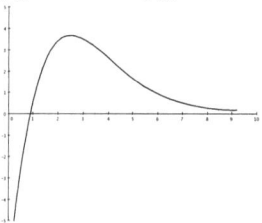

Die Gleichung $0 = -\frac{1}{s^2} - \ln(1 - q) \cdot (1 - q)^s$ lässt sich nicht analytisch lösen (durch Umformungen)

Numerisches Verfahren

kleiner Exkurs: **Das Newton-Verfahren**

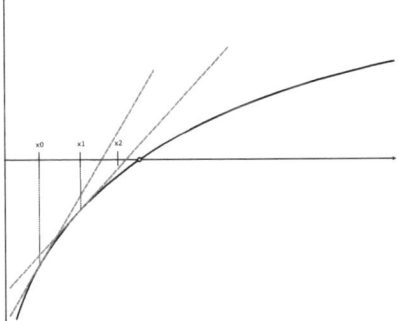

Wenn einem etwas zu schwierig ist, dann linearisiert man es. Tangentengleichung in n-ten Schritt:

$t_n(x) = f'(x_n) \cdot (x - x_n) + f(x_n)$

Nullstelle von t_n berechnen:

$t_n(x) = 0 \Leftrightarrow x_{n+1} := x = x_n + \frac{-f(x_n)}{f'(x_n)}$

Systematische Untersuchung des erfahren in Numerik I.

$f(s) = g'(s) = -\frac{1}{s^2} - \ln(1-q) \cdot (1-q)^s$

$f'(s) = +2\frac{1}{s^3} - \ln^2(1-q) \cdot (1-q)^s$

Newton-Verfahren liefert dann die Nullstelle.

q	$s_{\min}$
0,01	10,5162
0,001	32,127

q	$g(s-)$	$g(s+)$
0,01	$s = 10$: 0,19561	$s = 11$: 0,19557
0,001	$s = 32$: 0,0627	$s = 33$: 0,06278

Fazit

Für $q = 0,01$ testet man 11er-Gruppen und benötigt ca. $N \cdot 0,19557$ Tests. Gegenüber Variante 1 also eine Einsparung von ca. 80%.
Für $q = 0,001$: Wähle $s = 32$, Einsparung von über 93%.

zu b): Man kann „leicht" zeigen, dass ab ca. $q = 0,3066$ immer Variante 1 besser ist.

Ziel: Rechenregel für EW

4.17 Satz

Sei (Ω, p) ein DZE, $X : \Omega \to \mathbb{R}$ eine ZG. Dann existiert der EW von X genau dann, wenn

$$\sum_{\omega \in \Omega^*} |X(\omega)| \cdot p(\omega) < \infty$$

In diesem Fall gilt:

$$E(X) = \sum_{\omega \in \Omega^*} X(\omega) \cdot p(\omega)$$

Erinnerung: $\sum_{\omega \in \mathbb{R}} |x| \cdot P(X = x) < \infty;$ $E(X) = \sum_{x \in \mathbb{R}} x \cdot P(X = x)$

Beweis

Es gelte: $\sum_{x\in\mathbb{R}}|x|\cdot P(X=x)<\infty$. Dann gilt: $E(X)=\sum_{x\in\mathbb{R}}x\cdot P(X=x)=\sum_{x\in\mathbb{R}}x\cdot P(X^{-1}(\{x\}))$

$$
\begin{aligned}
E(X) &= \sum_{x\in\mathbb{R}}x\cdot P(X=x)=\sum_{x\in\mathbb{R}}x\cdot P(X^{-1}(\{x\}))\\
&= \sum_{x\in\mathbb{R}}x\sum_{\omega\in\Omega^*;\,\omega\in X^{-1}(\{x\})}p(\omega)\\
&= \sum_{x\in\mathbb{R}}\sum_{\omega\in\Omega^*;\,\omega\in X^{-1}(\{x\})}\overbrace{X(\omega)}^{=x}\cdot p(\omega)\\
&= \sum_{\omega\in\Omega^*}X(\omega)\cdot p(\omega)
\end{aligned}
$$

genauso zeigt man: $\sum_{x\in\mathbb{R}}|x|\cdot P(X=x)=\sum_{\omega\in\Omega^*}|X(\omega)|\cdot p(\omega)$

Damit folgt: $\sum_{\omega\in\Omega^*}|X(\omega)|\cdot p(\omega)<\infty$ und damit die behauptete Formel. Die Rückrichtung folgt analog.

4.18 Transformationssatz

Es sei (Ω,p) ein DZ, $X:\Omega\to\mathbb{R}$ eine ZG und $f:\mathbb{R}\to\mathbb{R}$ eine Funktion. Dann existiert der EW von $f\circ X$ genau dann, wenn

$$\sum_{x\in\mathbb{R}}|f(x)|\cdot P(X=x)<\infty$$

und es gilt:

$$E(f\circ X)=\sum_{x\in\mathbb{R}}f(x)P(X=x)$$

„Man kann also weiter mit der Verteilung von X rechnen."

Beweis

$E(f\circ X)=\sum_{y\in\mathbb{R}}y\cdot P(f\circ X=y)$

$$
\begin{aligned}
E(f\circ X) &= \sum_{y\in\mathbb{R}}y\cdot P(f\circ X=y)\\
&= \sum_{y\in\mathbb{R}}y\cdot P\left((f\circ X)^{-1}(\{y\})\right)\\
&= \sum_{y\in\mathbb{R}}y\cdot P\left(X^{-1}(f^{-1}(\{y\}))\right)\\
&= \sum_{y\in\mathbb{R}}y\cdot P^X(f^{-1}(\{y\}))\\
&= \sum_{y\in\mathbb{R}}y\cdot\sum_{x\in\mathbb{R};\,x\in f^{-1}(\{y\})}P^X(\{x\})\\
&= \sum_{y\in\mathbb{R}}y\cdot\sum_{x\in f^{-1}(\{y\})}P(X=x)\\
&= \sum_{y\in\mathbb{R}}\sum_{x\in f^{-1}(\{y\})}f(x)\cdot P(X=x)\\
&= \sum_{x\in\mathbb{R}}f(x)\cdot P(X=x)
\end{aligned}
$$

$\square$

4.19 Rechenregeln für EW

(Ω,p) DZE, $X,Y:\Omega\to\mathbb{R}$ Zufallsgrößen, deren EWe existieren, $a\in\mathbb{R}$. Dann existieren auch die EWe von $X+Y$, $a\cdot X$ und es gilt (Linearität):

i) $E(X+Y)=E(X)+E(Y)$

ii) $E(a\cdot X)=a\cdot E(X)$

Beweis

i) nach 4.17 z.z: $\sum_{\omega \in \Omega^*} |X(\omega) + Y(\omega)| p(\omega) < \infty$

$$\sum_{\omega \in \Omega^*} |X(\omega) + Y(\omega)| p(\omega) \leq \sum_{\omega \in \Omega^*} (|X(\omega)| + |Y(\omega)|) \, p(\omega) = \sum_{\omega \in \Omega^*} |X(\omega)| p(\omega) + \sum_{\omega \in \Omega^*} |Y(\omega)| p(\omega) < \infty$$

$$\sum_{x \in \mathbb{R}} x \cdot P(X + Y = x) \overset{4.17}{=} \sum_{\omega \in \Omega} (X(\omega) + Y(\omega)) \, p(\omega) = \sum X(\omega) p(\omega) + \sum Y(\omega) p(\omega) = E(X) + E(Y)$$

ii) z.z.: $E(a \cdot X) = a \cdot E(X)$

$$\sum_{\omega \in \Omega^*} |a X(\omega)| p(\omega) = |a| \underbrace{\sum_{\omega \in \Omega^*} |X(\omega)| p(\omega)}_{< \infty} < \infty$$

$$\Rightarrow \quad E(aX) \text{ existiert und}$$

$$E(aX) = \sum_{\omega \in \Omega^*} a X(\omega) p(\omega) = a \sum_{\omega \in \Omega^*} X(\omega) p(\omega) = a E(X)$$

$\square$

22.05.2014

4.20 Bemerkung

a) $\lambda : \Omega \to \mathbb{R}$, $\omega \mapsto \lambda \in \mathbb{R}$. Dann gilt $E(\overline{\lambda}) = \lambda$

b) X, Y ZGen mit $X \geq Y$, d. h. $\forall \omega \in \Omega$ ist $X(\omega) \geq Y(\omega)$

Beweis

a) $E(\overline{\lambda}) = \sum_{\omega \in \Omega^*} \lambda p(\omega) = \lambda \underbrace{\sum_{\omega \in \Omega^*} p(\omega)}_{=1} = \lambda$

b) $E(X) = \sum_{\omega \in \Omega^*} \underbrace{X(\omega)}_{\geq Y(\omega)} \underbrace{p(\omega)}_{\geq 0} \geq \sum_{\omega \in \Omega^*} Y(\omega) p(\omega) = E(Y)$

4.21 Hinreichendes Kriterium für die Existenz von Erwartungswerten (Majoranten-kriterium)

(Ω, p) DZE: $X, Y : \Omega \to \mathbb{R}$, ZGen und es existiere $E(Y)$. Gilt nun $|X(\omega)| \leq |Y(\omega)| \quad \forall \omega \in \Omega^*$, dann existiert auch $E(X)$. Insbesondere existiert der EW für alle beschränkten ZGen.

Beweis

$\sum_{\omega \in \Omega^*} |X(\omega)| p(\omega) \leq \sum_{\omega \in \Omega^*} |Y(\omega)| p(\omega) < \infty$
Ist X beschränkt, gibt es ein $\lambda > 0$ mit $|X(\omega)| \leq \lambda \quad \forall \omega \in \Omega^* \Rightarrow E(X)$ existiert.

4.22 motivierendes Beispiel (Varianz)

Würfel: $\Omega = \{1, \ldots, 6\}$ mit LV $X :=$ Augensummen, d. h. $X(\omega) = \omega$

	$P^X(\{x\}) = P(X = x)$
$x \in \{1, \ldots, 6\}$	$\frac{1}{6}$
$x \notin \{1, \ldots, 6\}$	0

EW: $E(X) = 3,5$

Y weitere ZG mit

x	$P(Y = x)$
1 oder 6	$\frac{1}{2}$
$x \neq 1; 6$	0

$E(Y) = 1 \cdot \frac{1}{2} + 6 \cdot \frac{1}{2} = 3,5$

Z mit

x	$P(Z = x)$
3	$\frac{1}{2}$
4	$\frac{1}{2}$
$x \neq 3; 4$	0

$E(Z) = 3,5$

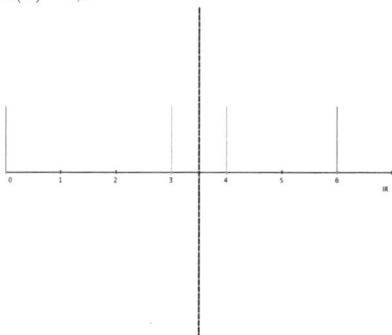

Als Maß für die Streuung oder Abweichung vom EW hat sich die „mittlere quadratische Abweichung"
durchgesetzt:

$$E\left((X - E(X))^2\right)$$

andere mögliche Streumaße sind

$$E\left(|X - E(X)|\right); \quad E\left(|X - E(X)|^3\right)$$

4.23 Definition der Varianz

Sei (Ω, p) ein DZE, $X : \Omega \to \mathbb{R}$ eine ZG, so dass $E(X)$ und $E\left((X - E(X))^2\right)$ existieren, dann nennen wir

$$\text{Var}(X) := E\left((X - E(X))^2\right)$$

die Varianz von X.

4.24 Kriterium für die Existenz der Varianz

(Ω, p) DZE, $X : \Omega \to \mathbb{R}$ ZG, so dass $E(X^2)$ existiert. Dann existiert auch $E(X)$ und für $\lambda \in \mathbb{R}$ existiert
$E\left((X - \lambda)^2\right)$, insbesondere existiert $\text{Var}(X)$

Beweis

Übung

4.25   Beispiel

X, Y, Z aus Beispiel 4.22

$$
\begin{aligned}
\operatorname{Var}(X) &= \sum_{\omega \in \Omega} (X(\omega) - E(X))^2 \cdot p(\omega) \\
&= \frac{1}{6} \cdot \sum_{i=1}^{6} (i - 3,5)^2 = \frac{17,5}{6} \approx 2,92
\end{aligned}
$$

$$
\operatorname{Var}(Y) = \frac{1}{2} \cdot \left((1 - 3,5)^2 + (5 - 3,5)^2\right) = 6,25
$$

$$
\operatorname{Var}(Z) = \frac{1}{2} \cdot \left((3 - 3,5)^2 + (4 - 3,5)^2\right) = 0,25
$$

Varianz und EW hängen eng zusammen:

4.26   Lemma

(Ω, p) DZE, $X : \Omega \to \mathbb{R}$, so dass $E(X^2)$ existiert, dann gilt

$$
\operatorname{Var}(X) = \min_{\lambda \in \mathbb{R}} E\left((X - \lambda)^2\right)
$$

und das Minimum wird genau in $E(X)$ angenommen.

Beweis

$$
\begin{aligned}
E\left((X - \lambda)^2)\right) &= E\left(X^2 - 2X \cdot \lambda + \lambda^2\right) \\
&= E(X^2) - 2\lambda \cdot E(X) \cdot \lambda^2 \\
&= E(X^2) - E(X)^2 + E(X)^2 - 2\lambda \cdot E(X) + \lambda^2 \\
&= E(X^2) - E(X)^2 + \underbrace{(E(X) - \lambda)^2}_{\geq 0} \\
&\geq E(X^2) - E(X)^2
\end{aligned}
$$

Gleichheit gilt genau dann, wenn $\lambda = E(X)$
$\Rightarrow \forall \lambda \in \mathbb{R} \quad E\left((X - \lambda)^2\right) \geq \operatorname{Var}(X)$ und $E\left((X - E(X))^2\right) = \operatorname{Var}(X)$

Aus dem Beweis entnehmen wir zudem den sehr nützlichen

4.27   Verschiebungssatz

$$
\operatorname{Var}(X) = E(X^2) - E(X)^2
$$

z. B. Berechnnung von Varianzen:

4.28   Varianz der Laplace-Verteilung

Die ZG X sei Laplace-Verteilt auf $\{1, \ldots, n\}$

$$
\begin{aligned}
E(X^2) &= \sum_{i=1}^{n} i^2 \cdot \frac{1}{n} \\
&= \frac{1}{n} \cdot \frac{n(n+1)(2n+1)}{6} \\
&= \frac{(n+1)(2n+1)}{6}
\end{aligned}
$$

$$E(X) \;=\; \frac{1}{n} \cdot \sum_{i=1}^{n} i$$

$$= \frac{1}{n} \cdot \frac{n(n+1)}{2} = \frac{n+1}{2}$$

$$\mathrm{Var}(X) \;=\; \frac{(n+1)(2n+1)}{6} - \frac{(n+1)^2}{4}$$

$$= \frac{1}{12} \cdot (n+1)\left(2 \cdot (2n+1) - 3 \cdot (n+1)\right)$$

$$= \frac{n+1}{12} \cdot (n-1) = \frac{n^2-1}{12}$$

4.29 Varianz der Binomialverteilung

ZG X sei $B_{n,p}$-verteilt mit $n \in \mathbb{N}$ und $p \in [0,1]$, $E(X) = np$.

$$E(X^2) \;=\; \sum_{k=0}^{n} k^2 \cdot \underbrace{B_{n,p}(k)}_{=P(X=k)}$$

$$= \sum_{k=0}^{n} k^2 \binom{n}{k} p^k (1-p)^{n-k}$$

$$= \sum_{k=0}^{n} \underbrace{k \cdot (k-1) \binom{n}{k}}_{(k-1)n\binom{n-1}{k-1}=n(n-1)\binom{n-2}{k-2}} p^k (1-p)^{n-k} + \underbrace{\sum_{k=0}^{n} k \binom{n}{k} p^k (1-p)^{n-k}}_{=E(X)=np}$$

$$= p^2 n(n-1) \sum_{k=1}^{n} \binom{n-2}{k-2} p^{k-2}(1-p)^{(n-2)-(k-2)} \; + np$$

$$= p^2 n(n-1) \underbrace{\sum_{j=0}^{n-2} \binom{n-2}{j} p^j (1-p)^{n-2-j}}_{=1=(p+(1-p))^{n-2}} \; + np$$

$$= p^2 n(n-1) + np$$

$$\Rightarrow \mathrm{Var}(X) \;=\; p^2 n(n-1) + np - n^2 p^2$$

$$= np - np^2 = np(1-p)$$

4.30 weitere Varianzen

Die ZG X sei

a) negativ Binomialverteilt mit Parameter $p \in (0,1]$
$\mathrm{Var}(X) = \frac{1-p}{p^2}$

b) Poissonverteilung zum Parameter $\lambda \in \mathbb{R}$
$\mathrm{Var}(X) = \lambda$

c) hypergeometrische Verteilung zu Parametern $N, n, r \in \mathbb{N}$ mit $N \geq n, r$
$\mathrm{Var}(X) = n\frac{r}{N} \cdot \left(1 - \frac{r}{N}\right) \cdot \frac{N-n}{N-1}$

Beweis

Übung

4.31 Lemma (Rechenregeln)

27.05.2014

Es sei X eine ZG mit $E(X) < \infty$, $c \in \mathbb{R}$

  i) $\text{Var}(X) \geq 0$

  ii) $\text{Var}(cX) = x^2 \text{Var}(X)$

  iii) $\text{Var}(X + c) = \text{Var}(X)$

  iv) $\text{Var}(X) = 0 \Rightarrow \exists \lambda \in \mathbb{R}$, mit $P(X = \lambda) = 1$

Beweise

  i) $E(\underbrace{(X - E(X))^2}_{\geq 0}) > 0$ (4,20)

  ii) $E\left((cX - E(cX))^2)\right) = E\left(c^2\left(X - E(X))^2\right)\right) = c^2 E\left((X - E(X))^2\right)$

  iii) $\text{Var}(X + c) = E\left((X + c - E(X + c)^2)\right) = E\left((X + c - E(X) - c)\right)^2 = \text{Var}(X)$

  iv) $0 = \text{Var}(X) = \sum_{x \in \mathbb{R}} \underbrace{(x - E(X))^2}_{\geq 0} \underbrace{P(X = x)}_{\geq 0}$ (Transformationssatz: $E(f \circ X) = \sum f(X) P(X = x)$)

  $\Rightarrow \forall x \in \mathbb{R}$ $x - E(X) = 0 \ \lor \ P(X = x) = 0$

  $\Rightarrow (x \neq E(X) \Rightarrow P(X = x) = 0) \Leftrightarrow P(X = E(X)) = 1; \quad \lambda = E(X)$

4.32 Beispiel

$\text{Var}(X + X) = \text{Var}(2 \cdot X) = 4 \cdot \text{Var}(X)$ die Varianz ist also nicht additiv.

4.33 Satz

Seien (Ω, p) DZE mit WV P, X, Y ZGen über Ω, $E(X^2), E(Y^2) < \infty$. Dann gilt: $\text{Var}(X + Y) = \text{Var}(X) + \text{Var}(Y) + 2 \cdot (E(X \cdot Y) - E(X) \cdot E(Y))$

Beweis

Die Varianz von $X + Y$ existiert, da $(X + Y)^2 \leq 2X^2 + 2Y^2$

$$
\begin{aligned}
\text{Var}(X + Y) &= E((X + Y)^2) - E^2(X + Y) \\
&= E(X^2 + 2XY + Y^2) - \left(E^2(X) + 2E(X)E(Y) + E^2(Y)\right) \\
&= \underbrace{E(X^2) - E^2(X)}_{\text{Var}(X)} + \underbrace{E(Y^2) - E^2(Y)}_{\text{Var}(Y)} + 2 \cdot (E(X + Y) - E(X)E(Y))
\end{aligned}
$$

Majorante angeben, um zu zeigen, dass $E(X^2) < \infty$ ist

4.34 Definition (Kovarianz)

Es seien X, Y ZGen, so dass $E(X^2), E(Y^2) < \infty$. Dann heißt:

$$\text{Cov}(X, Y) := E(X \cdot Y) - E(X) \cdot E(Y)$$

die Kovarianz von X und Y. Wir nennen X und Y positiv korreliert, falls Cov(X,Y)>0, unkorreliert, falls $\text{Cov}(X, Y) = 0$ und negativ korreliert, falls $\text{Cov}(X, Y) < 0$. Allgemein heißen ZGen $X_1, \ldots, X_n$ paarweise unkorreliert, falls

$$\text{Cov}(X_i, X_j) = 0, \quad \forall i, j \in \{1, \ldots, n\}, \ i \neq j$$

Es gilt als: $\text{Var}(X + Y) = \text{Var}(X) + \text{Var}(Y) + 2 \cdot \text{Cov}(X, Y)$

4.35 Satz

E seien (Ω, p) DZE, $X_1, \ldots, X_n$ ZGen über Ω mit $E(X_i^2) < \infty$, $\forall i = 1, \ldots, n$. Dann gilt:

$$\text{Var}\left(\sum_{i=1}^{n} X_i\right) = \sum_{i=1}^{n} \text{Var}(X_i) + 2 \cdot \sum_{1 \leq i < j \leq n} \text{Cov}(X_i, X_j)$$

Insbesondere gilt für paarweise unkorrelierte ZG $X_i, \ldots, X_n$: $\text{Var}(\sum_{i=1}^{n} X_i) = \sum_{i=1}^{n} \text{Var}(X_i)$

Beweis

Induktion über n (Übung)

4.36 Beispiel

$\Omega = \{0,1\}$, $p_0 \in [0,1]$. $(\Omega^{(n)}, p^{(n)})$ die n-fache Wiederholung, „Bernoullikette der Länge n":
$X_i : \Omega^{(n)} \to \mathbb{R}$; $(\omega_1, \dots, \omega_n) \mapsto \omega_i$
Wir rechnen:

$$
\begin{aligned}
E(X_i) &= \sum_{(\omega_1,\dots,\omega_n)\in\Omega} \omega_i \underbrace{p^{(n)}\left((\omega_1,\dots,\omega_n)\right)}_{p_0(\omega_1)\cdot\ldots\cdot p(\omega_n)} \\
&= \left(\sum_{\omega_1\in\Omega} p_0(\omega_1)\right) \cdot \left(\sum_{\omega_2\in\Omega} p_0(\omega_2)\right) \cdot \ldots \cdot \left(\underbrace{\sum_{\omega_i\in\Omega} \omega_i p_0(\omega_i)}_{o\cdot(1-p_0)+1\cdot p_0}\right) \cdot \ldots \cdot \left(\underbrace{\sum_{\omega_n\in\Omega} p_0(\omega_n)}_{=1}\right) \\
&= p_0
\end{aligned}
$$

$$
E(X_i^2) = \sum_{(\omega_1,\dots,\omega_n)} \underbrace{\omega_i^2}_{=\omega_i} p^{(n)}\left((\omega_1,\dots,\omega n)\right) \overset{\text{s. o.}}{=} p_0
$$

$$
\mathrm{Var}(X_i) = p_0 - p_0^2 = p_0(1-p_0)
$$

$$
\begin{aligned}
E(X_i \cdot X_j) &= \sum_{\dots} \omega_i \cdot \omega_j p^{(n)}\left((\omega_1,\dots,\omega_n)\right) \\
&= \underbrace{\left(\sum_{\omega_1\in\Omega} p_0(\omega_1)\right)}_{=1} \cdots \underbrace{\left(\sum_{\omega_i\in\Omega} \omega_i p_0(\omega_i)\right)}_{=p_0} \cdots \underbrace{\left(\sum_{\omega_j\in\Omega} \omega_j p_0(\omega_j)\right)}_{=p_0} \cdots \underbrace{\left(\sum_{\omega_n\in\Omega} p_0(\omega_n)\right)}_{=1} \\
&= p_0^2 \text{ für } i \neq j
\end{aligned}
$$

$$
\mathrm{Cov}(X_i, X_j) = p_0^2 - p_0^2 = 0
$$

Die X_i sind paarweise unkorreliert:

$$
\mathrm{Var}\left(\sum_{i=1}^{n} X_i\right) = \sum_{i=1}^{n} \mathrm{Var}(X_i) = np_0(1-p_0)
$$

Warum „Korrelation"?

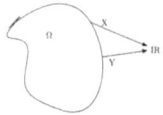

positive Korrelation:

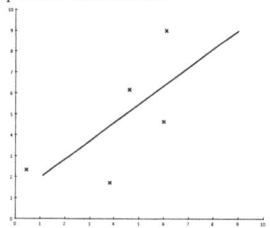

negative Korrelation:

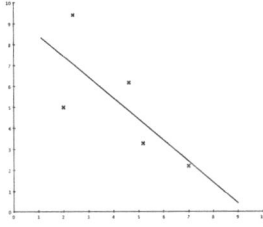

unkorreliert:

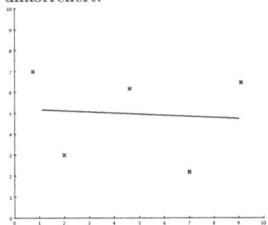

Punktwolke $(X(\omega_i)|Y(\omega_i))\ i = 1, \ldots, n$

Problem (Ausgleichsgerade)

Finde $a, b \in \mathbb{R}$, so dass Y möglichst gut durch $a \cdot X + b$ dargestellt wird. Wie misst man „möglichst gut"?

Antwort: mittlere quadratische Abweichung

4.37 Definition + Satz

Es seien (Ω, p) DZE mit EV P, $X, Y : \Omega \to \mathbb{R}$ ZGen mit $E(X^2), E(Y^2) < \infty$. Dann heißt:

$$\varrho(X, Y) := \frac{\operatorname{Cov}(X, Y)}{\sqrt{\operatorname{Var}(X) \cdot \operatorname{Var}(Y)}} \qquad \operatorname{Var}(X) > 0,\ \operatorname{Var}(Y) > 0$$

der <u>Korrelationskoeffizient</u> von X und Y. Dann gilt:

i) $\displaystyle\min_{a,b \in \mathbb{R}} E((Y - aX - b)^2) = E((Y - a_0 X - b_0)^2) = (1 - \varrho^2)\operatorname{Var}(Y)$
   mit $a_0 =$, $b_0 =$

ii) $|\varrho| = 1$, insbesondere gilt $\operatorname{Cov}^2(X, Y) \leq \operatorname{Var}(X)\operatorname{Var}(Y)$. („Cauchy-Schwarzsche-Ungleichung")

iii) $|\varrho| = 1 \Leftrightarrow P(Y = a_0 X + b_0) = 1$. („$Y = a_0 X + b_0$ P - fast sicher")

Beweis

i)

$$
\begin{aligned}
\min_{a \in \mathbb{R}} \min_{b \in \mathbb{R}} E\left(((Y - aX) - b)^2\right) &= \min_{a \in \mathbb{R}} \operatorname{Var}(Y - aX) \ \text{mit } b_a = E(Y - aX) = E(Y) - aE(X)\\
&= \min_{a \in \mathbb{R}} \operatorname{Var}(Y) + a^2\operatorname{Var}(X) + 2\operatorname{Cov}(Y - aX)\\
&= \min_{a \in \mathbb{R}} \left(a^2\operatorname{Var}(Y) - 2a\operatorname{Cov}(X, Y) + \operatorname{Var}(Y)\right)\\
&= \operatorname{Var}(X)\min_{a \in \mathbb{R}} \left(\underbrace{\left(a - \frac{\operatorname{Cov}(X, Y)}{\operatorname{Var}(X)}\right)^2}_{\geq 0} + \frac{\operatorname{Var}(Y)}{\operatorname{Var}(X)} - \frac{\operatorname{Cov}^2(X, Y)}{\operatorname{Var}^2(X)}\right)\\
&= \operatorname{Var}(Y) - \frac{\operatorname{Cov}^2(X, Y)}{\operatorname{Var}(X)} \ \text{mit Minimierer } a_0 = \frac{\operatorname{Cov}(X, Y)}{\operatorname{Var}(X)}\\
&= \operatorname{Var}(Y)(1 - \varrho^2(X, Y))\\
&= E\left((Y - a_0 X - b_0)^2\right) \quad b_0 = b_{a_0} = E(Y - aX)
\end{aligned}
$$

$\operatorname{Var}(X) = \displaystyle\min_{\lambda \in \mathbb{R}} E((X - \lambda)^2)$. $E(X)$ Minimierer.

39

ii) z.z.: $|\varrho| \le 1$

$$0 \le E\left((Y - a_0 X - b_0)^2\right) = \underbrace{\text{Var}(Y)}_{>0} \cdot (1 - \varrho^2)$$

$$\Rightarrow 1 - \varrho^2 \ge 0 \Rightarrow 1 \ge \varrho^2 \Rightarrow |\varrho| \le 1$$

iii) z.z.: $|\varrho| = 1 \Rightarrow \exists a, b \in \mathbb{R}$ mit $Y = aX + b$ (P fast sicher). Es gilt:

$$E\left((Y - a_0 X - b_0)^2\right) = \text{Var}(Y) \cdot (1 - \varrho^2) = 0 \overset{4.3.1}{\Rightarrow} Y - a_0 X - b_0 = \underset{\in \mathbb{R}}{c} \text{ (P fast sicher)}$$

$$c = E(Y - a_0 X - b_0) = E(Y - a_0 X) - b_0 = 0$$

Der Korrelationskoeffizient misst den linearen Zusammenhang zwischen X und Y. **Aber:** Man kann Zufalls-experimente angeben und Zufallsgröße X, z. B. so dass für $Y = X^2$ trotzdem Y und X unkorreliert sind, also $\varrho(X, Y) = 0$.

5 Das schwache Gesetz der großen Zahlen

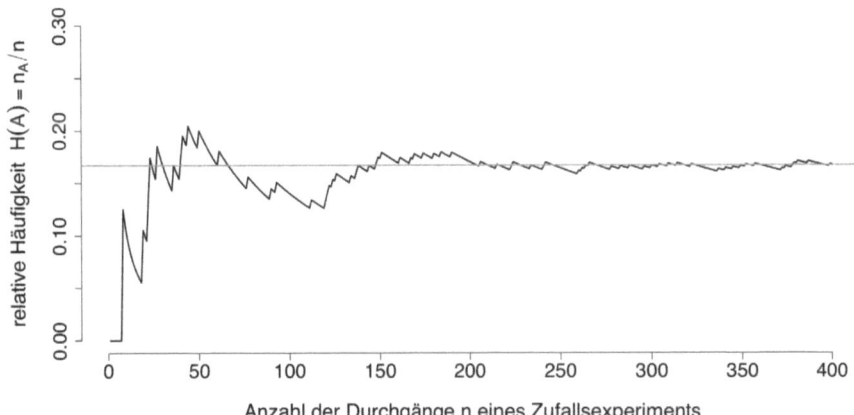

Anzahl der Durchgänge n eines Zufallsexperiments

5.1 Das empirische Gesetz der großen Zahlen

Wiederholt man ein reales Zufallsexperiment hinreichend oft, dann gilt für jedes Ereignis E:

$$\frac{\text{Anzahl der Experimente mit } E}{\text{Anzahl der Experimente}} \longrightarrow P(E)$$

Frage: Wie wird diese Erfahrungstatsache im mathematischen Modell wiedergegeben.

5.2 Lemma (Abschätzung von Tschebyscheff)

neue gebräuchliche Bezeichnung: XZG

$\mu := \mu_X = E(X)$

$\sigma^2 := \sigma_X^2 = \text{Var}(X)$

Tschebyscheff'sche Ungleichung (TU)

Sei X eine ZG, für die μ und σ^2 existieren. Dann gilt:

$$\forall \varepsilon > 0: \ P\left(|X - \mu| \geq \varepsilon\right) \leq \frac{\sigma^2}{\varepsilon^2}$$

Beweis

Sei (Ω, p) das zugrundeliegende DZE. Dann gilt:

$$
\begin{aligned}
\sigma^2 &= \sum_{x \in \mathbb{R}} (x - \mu)^2 P(X = x) \\
&= \sum_{\omega \in \Omega^*} (X(\omega) - \mu)^2 p(\omega) \\
&\geq \sum_{\omega \in \Omega^*: |X(\omega) - \mu| \geq \varepsilon} \underbrace{(X(\omega) - \mu)^2}_{\geq \varepsilon^2} p(\omega) \\
&\geq \varepsilon^2 P(|X - \mu| \geq \varepsilon)
\end{aligned}
$$

Umstellen: $P(|X - \mu| \geq \varepsilon) \leq \frac{\sigma^2}{\varepsilon^2}$

5.3 Beispiel: Der n-fache Würfelwurf

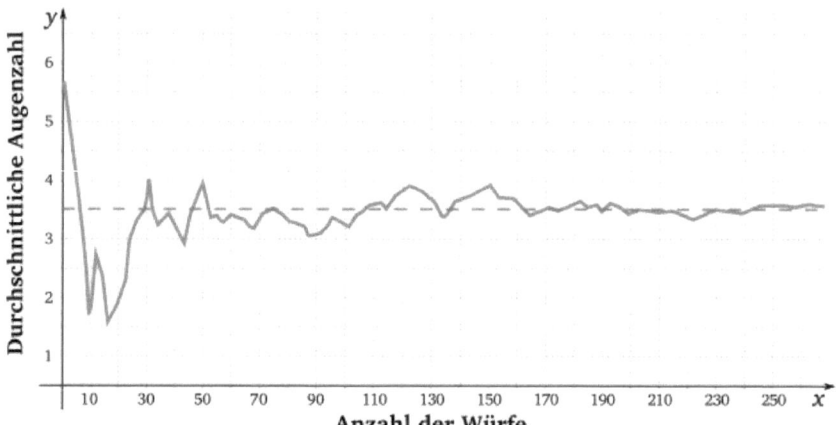

Anzahl der Würfe

$\Omega = \{1, \ldots, 6\}$, LE. $X : \Omega \to \mathbb{R}$, $\omega \mapsto \omega$ (einfacher Wurf)
$P(X = x) = \frac{1}{6}$ für $x \in \{1, \ldots, 6\}$
$\mu_X = 3,5$; $\sigma_X^2 = \frac{35}{12}$

n-facher Wurf

$(\Omega^{(n)}, p^{(n)})$ mit $\Omega^{(n)} = \Omega^n$: $p^{(n)}\left((\omega_1, \ldots, \omega_n)\right) = \prod_{i=1}^n p(\omega_i)$
$X : \Omega^{(n)} \to \mathbb{R}$, $(\omega_1, \ldots, \omega_n) \mapsto \omega_i$ (Ergebnis im i-ten Wurfl
$P(X_i = x) = \frac{6^{n-1}}{6^n} = \frac{1}{6}$ für $x \in \{1, \ldots, 6\}$
Das heißt $P^X = P^{X_i}$ für alle $i = 1, \ldots, n$
$\mu_{X_i} = \mu_X = 3,5$; $\sigma_{X_i}^2 = \sigma_X^2 = \frac{35}{12}$

Zufallsgröße für den Mittelwert der Augenzahlen:

$$\overline{X}_n = \frac{1}{n} \sum_{i=1}^n X_i$$

Wir berechnen den Erwartungswert und die Varianz:

Erwartungswert: $E(\overline{X}) = \frac{1}{n} \sum E(X_i) = \frac{n}{n} \mu_X = 3,5$

Varianz: zunächst: $\text{Cov}(X_i, Y_i)$ für $i \neq j$

$$
\begin{aligned}
E(X_i, Y_i) &= \sum_{(\omega_1, \ldots, \omega_n)} \omega_i \omega_j \frac{1}{6^n} = \frac{6^{n-2}}{6^n} \sum_{\omega_i, \omega_j \in \Omega} \omega_i \omega_j \\
&= \frac{1}{6^2} \underbrace{\left(\sum_{\omega_i \in \Omega} \omega_i \right)}_{=21} \cdot \underbrace{\left(\sum_{\omega_j \in \Omega} \omega_j \right)}_{=21} = \frac{21}{6} \cdot \frac{21}{6} = E(X_i) \cdot E(Y_i)
\end{aligned}
$$

also sind die X_i paarweise unkorreliert.
$\Rightarrow \text{Var}(\overline{X}) = \text{Var}\left(\frac{1}{n} \sum_{i=1}^n X_i\right) = \frac{1}{n^2} \cdot \text{Var}\left(\sum X_i\right) = \frac{1}{n^2} \sum_{i=1}^n \text{Var}(X_i) = \frac{n}{n^2} \cdot \sigma_X^2 = \frac{35}{12} \cdot \frac{1}{n}$
Wir wenden nun die TU an: $\varepsilon > 0$

$$
\begin{aligned}
P(|\overline{X} - \mu_X| \geq \varepsilon) &= P(|\overline{X} - \mu_{\overline{X}_n}| \geq \varepsilon) \\
&\leq \frac{\sigma_{\overline{X}_n}^2}{\varepsilon^2} = \frac{\sigma_X^2}{\varepsilon^2 n} \\
&\xrightarrow{n \to \infty} 0
\end{aligned}
$$

„Für jedes $\varepsilon > 0$ geht die Wahrscheinlichkeit dafür, dass der Mittelwert der Augen um mehr als ε von Erwartungswert des einfachen Wurfes abweicht für $n \to \infty$ gegen 0."

Verallgemeinerung:

5.4   Satz (Das schwache Gesetz der großen Zahlen)

Es seien $(X_i)_{i\in\mathbb{N}}$ ZGen, so dass μ_{X_i} und σ_{X_i} existieren. Ferner gelte

$$\lim_{n\to\infty} \frac{1}{n^2}\mathrm{Var}\left(\sum_{i=1}^{n} X_i\right) = 0$$

Dann gilt für

$$\overline{X}_n := \frac{1}{n}\sum_{i=1}^{n} X_i \quad\text{und}\quad \overline{\mu}_n := \frac{1}{n}\sum_{i=1}^{n} \mu_{X_i}$$

folgendes:

$$\forall \varepsilon > 0: P\left(|\overline{X}_n - \overline{\mu}_n| \geq \varepsilon\right) \longrightarrow 0 \text{ für } n \to \infty$$

Beweis

$E(\overline{X}_n) = E\left(\frac{1}{n}\sum X_i\right) = \frac{1}{n}\sum \mu_{X_i} = \overline{\mu}_n$
TU: $\forall \varepsilon > 0:$

$$
\begin{aligned}
P\left(|\overline{X}_n - \overline{\mu}_n| \geq \varepsilon\right) \quad &\leq \quad \frac{\mathrm{Var}(\overline{X}_n)}{\varepsilon^2} \\
&= \quad \frac{\mathrm{Var}\left(\frac{1}{n}\sum_{i=1}^{n} X_i\right)}{\varepsilon^2} \\
&= \quad \frac{\frac{1}{n^2}\mathrm{Var}(\sum X_i)}{\varepsilon^2} \\
&\xrightarrow{n\to\infty} \quad 0
\end{aligned}
$$

5.5   Beispiel: Bernoulli-Kette der Länge n

$\Omega = \{0,1\}$, $p(1) = p_0$, $p(0) = 1 - p_0$.
n-fache Wiederholung: $\left(\Omega^{(n)}, p^{(n)}\right)$

05.06.2014

$X_i : \Omega^{(n)} \to \mathbb{R}$, $(\omega_1, \ldots, \omega_n) \mapsto \omega_i$
$S_\omega = \sum_{i=1}^{n} X_i$
wir wissen bereits: $E(S_n) = np_0$ (4.19); $\mathrm{Var}(S_n) = np_0 \cdot (1 - p_0)$ (4.36)

relative Häufigkeit der 1:

$\overline{X}_n := \frac{S_n}{n} = \frac{1}{n}\sum_{i=1}^{n} X_i$
$E(\overline{X}_n) = E(\frac{1}{n} \cdot S_n) = \frac{1}{n} \cdot np_0 = p_0$
$\mathrm{Var}(\overline{X}_n) = \mathrm{Var}(\frac{1}{n} \cdot S_n) = \frac{1}{n^2} \cdot np_0 \cdot (1 - p_0) = \frac{p_0(1-p_0)}{n}$
In welchem Sinn konvergiert $\overline{X}_n$ gegen p_0?

TU

$$\forall \varepsilon > 0: P(|\overline{X}_n - \underbrace{p_0}_{=E(\overline{X}_n)}| \geq \varepsilon) \leq \frac{\mathrm{Var}(\overline{X}_n)}{\varepsilon^2} = \frac{p_0(1-p_0)}{n \cdot \varepsilon^2}$$

„Für jedes feste $\varepsilon > 0$ geht die Wahrscheinlichkeit dafür, dass die relative Häufigkeit um mehr als ε von p_0 abweicht gegen 0 für $n \to \infty$."

5.6   Definition

Sei (Ω, p) ein DZE mit WV P, $(X_n)_{n\in\mathbb{N}}$ und X ZGen über Ω. Dann sagt man: X_n <u>konvergiert „nach</u> <u>Wahrscheinlichkeit"</u> oder „stochastisch" gegen X, in Zeichen: $X_n \xrightarrow{P} X$, genau dann, wenn

$$\forall \varepsilon > 0: \lim_{n\to\infty} P(|X_n - X| \geq \varepsilon) = 0$$

In welcher Beziehung steht „stochastische Konvergenz" zu dem bekannten Konzept der punktweisen Konvergenz?

punktweise Konvergenz: $X_n \overset{\text{pkuw.}}{\longrightarrow} X \Leftrightarrow \forall \omega \in \Omega : \lim\limits_{n \to \infty} X_n(\omega) = X(\omega)$

5.7 Satz

Sei (Ω, p) ein DZE mit WV P, X_n, X ZGen über Ω. Dann gilt:

$$X_n \overset{\text{pktw.}}{\longrightarrow} X \;\;\Rightarrow\;\; X_n \overset{P}{\longrightarrow} X$$

(gilt auch in allgemeineren Kontexten).

Beweis.

Sei $\varepsilon > 0$ vorgegeben, sei $\delta > 0$ vorgegeben. Zu zeigen: $\exists N_0 \in \mathbb{N} \; \forall n \geq N_0 : \; P(|X_n - X| \geq \varepsilon) < \delta$.
$\Omega^* = \{\omega_1, \omega_2, \ldots\}$.
Da $X_n \longrightarrow X$ punktweise konvergiert, gibt es für alle $i \in \mathbb{N}$ ein $n_i \in \mathbb{N}$ mit $|X_n(\omega_i) - X(\omega_i)| < \varepsilon$ für alle $n \geq n_i$.
Ferner gilt: $P(\Omega) = 1 = \sum_{i=1}^{\infty} p(\omega_i) < \infty. \Rightarrow \exists j \in \mathbb{N} : \sum_{i>j} p(\omega_i) < \delta. \; N_0 := \max\limits_{i \leq j} n_i$
Dann gilt für alle $n \geq N_0$:

$$
\begin{aligned}
P(|X_n - X| \geq \varepsilon) \;\;&=\;\; \sum_{|X_n(\omega_i) - X(\omega_i)| \geq \varepsilon} p(\omega_i) \\
&\leq\;\; \sum_{i=j+1}^{\infty} p(\omega_i) \\
&<\;\; \delta
\end{aligned}
$$

Bemerkung

Im Allgemeinen impliziert stochastische Konvergenz keine punktweise Konvergenz, auch nicht fast sichere punktweise Konvergenz, d. h. $P(\lim X_n = X) = 1$.

5.8 Satz

Sei (Ω, p) ein DZE mit WV P und Träger Ω^*. X_n, X ZGen über Ω, dann gilt:

$$X_n \overset{P}{\longrightarrow} X \;\;\Rightarrow\;\; \forall \omega \in \Omega^* : \; \lim\limits_{n \to \infty} X_n(\omega) = X(\omega)$$

Beweis

Übung.

6 Bedingte Wahrscheinlichkeiten und stochastische Unabhängigkeit

6.1 Beispiel

Bei einem Glücksspiel gewinnt man, wenn man bei einem 2-fachen Würfelwurf im 2. Wurf eine höhere Augenzahl hat als im 1. Wurf. Wie groß ich die Wahrscheinlichkeit? Nun ist im 1. Wurf eine 2 gefallen, wie hoch ist jetzt die Wahrscheinlichkeit für einen Gewinn.

Antwort

Sei $\Omega(1, \ldots, 6\}^2$ ein LE und A bedeutet Gewinn.
$A = \{(1,2), (1,3), \ldots, (1,6), (2,3), \ldots, (2,6), \ldots, (5,6)\}$; $|A| = 5 + 4 + 3 + 2 + 1 = 15$
$P(A) = \frac{|A|}{|\Omega|} = \frac{15}{36}$
Nun zur zweiten Frage (im ersten Wurf ist bereits eine 2 gefallen): Es stehen nur noch folgende Ergebnisse zur Auswahl:
$B = \{(2,1), (2,2), \ldots, (2,6)\}$
Gewinn: $A' = \{(2,3), (2,4), (2,5), (2,6)\}$
Neues ZE: Sei (Ω', p') ein LE mit $\Omega' = B$. $P'(A') = \frac{|A'|}{|B|} = \frac{4}{6} = \frac{2}{3} = \frac{|A \cap B|}{|\Omega|} \cdot \frac{|\Omega|}{|B|} = \frac{P(A \cap B)}{P(B)}$

6.2 Definition (Bedingte Wahrscheinlichkeit)

(Ω, p) DZE mit WV P, $B \subset \Omega$ mit $P(B) > 0$. Dann heißt für alle $A \subset \Omega$:

$$P(A \mid B) := \frac{P(A \cap B)}{P(B)}$$

die „bedingte Wahrscheinlichkeit von A unter B".

6.3 Satz

(Ω, p) DZE mit WV P, $B \subset \Omega$ mit $P(B) > 0$. Für

$$p' : \Omega \to \mathbb{R} \text{ mit } p'(\omega) = \begin{cases} 0 & \text{falls } \omega \notin B \\ \frac{p(\omega)}{P(B)} & \text{falls } \omega \in B \end{cases}$$

ist (Ω', p') ebenfalls ein DZE, deren WV wir mit $P(\cdot \mid B)$ bezeichnen. Ferner gilt:

$$P(A \mid B) = \frac{P(A \cap B)}{P(B)} \quad \forall A \subset \Omega \quad \circledast$$

Beweis

(1) $\forall \omega \notin B : p'(\omega) = 0 \in [0, 1]$

$$\forall \omega \in B : 0 \leq p(\omega) \leq \sum_{\omega' \in B} p(\omega') = P(B) \Rightarrow \frac{p(\omega)}{P(B)} \leq 1$$

(2) Sei $p'(\omega) > 0 \Rightarrow \omega \in B \cap \Omega^*$ abzählbar, da Ω^* abzählbar ist.

(3)

$$\sum_{\omega \in \Omega} p'(\omega) = \sum_{\omega \in B} p'(\omega) = \sum_{\omega \in B} \frac{p(\omega)}{P(B)} = \frac{1}{P(B)} \underbrace{\sum_{\omega \in B} p(\omega)}_{P(B)} = 1$$

(4) Formel $\circledast$

$$P(A \mid B) = \sum_{\omega \in A} p'(\omega) = \frac{1}{P(B)} \cdot \sum_{\omega \in A \cap B} p(\omega) = \frac{P(A \cap B)}{P(B)}$$

$\square$

Frage: Lässt sich die gesamte (totale) Wahrscheinlichkeit eines Ereignisses berechnen, wenn man nur hinreichend viele bedingte Wahrscheinlichkeiten kennt?

6.4 Satz (totale Wahrscheinlichkeit)

(Ω, p) DZE mit WV P, $I \subset \mathbb{N}$, $(B_i)_{i \in \mathbb{N}}$mit $B_i \subset \Omega$, $P(B_i) > 0 \forall i \in I$. B_i paarweise disjunkt und $\dot{\bigcup}_{i \in I} B_i = \Omega$.
Dann gilt für alle $A \subset \Omega$:

$$P(A) = \sum_{i \in I} P(A \mid B_i) \cdot P(B_i)$$

Beweis

$$\sum_{i \in I} P(A \mid B_i) \cdot P(B_i) \quad = \quad \sum_{i \in I} P(A \cap B_i)$$

Bem: auch $A \cap B_i$ sind paarweise disjunkt

$$\overset{\sigma-\text{Add.}}{=} \quad P\left(\dot{\bigcup}_{i \in I} A \cap B_i\right)$$

$$= \quad P\left(A \cap \underbrace{\left(\bigcup_{i \in I} B_i\right)}_{=\Omega}\right)$$

$$= P(A)$$

6.5 Beispiel

12.06.2014

Ein Student macht 20% seiner Aufgaben morgens, den Rest am Nachmittag.
80% der am Morgen erledigten Aufgaben sind korrekt gelöst,
40% der am Nachmittag erledigten Aufgaben sind korrekt gelöst.

Mit welcher Wahrscheinlichkeit ist eine Aufgabe richtig gelöst?

Lösung (Schule):

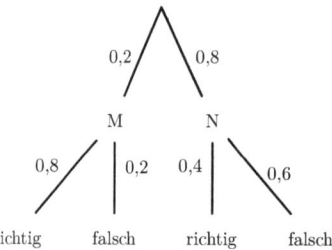

Wahrscheinlichkeit für „richtig":

$$\underbrace{\underbrace{0,2 \cdot 0,8}_{\text{Pfadmultiplikationsregel}} + \underbrace{0,8 \cdot 0,4}_{\text{PMR}} = 0,48 = 48\%}_{\text{Pfadadditionsregel}}$$

Lösung (Uni):

M: „morgens erledigt"; N: „nachmittags erledigt"; $\Omega = M \dot{\cup} N$
R: „Aufgabe richtig"; F: „Aufgabe falsch"
$P(M) = 0,2$; $P(N) = 0,8$; $P(R \mid M) = 0,8$; $P(R \mid N) = 0,4$

totale Wahrscheinlichkeit:

$$
\begin{aligned}
P(R) &= P(R \mid M) \cdot P(M) + P(R \mid N) \cdot P(N) \\
&= 0,8 \cdot 0,2 + 0,4 \cdot 0,8 \\
&= 0,48
\end{aligned}
$$

6.6 Anmerkung

Der bekannte Wahrscheinlichkeitsbaum sieht in unserem Modell so aus:

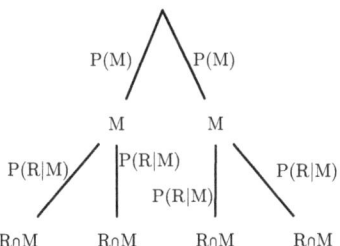

Die Pfadmultiplikationsregel entspricht also der Definition der bedingten Wahrscheinlichkeit:
$P(R \cap M) = P(R \mid M) \cdot P(M) \Leftrightarrow P(R \mid M) = \frac{P(R \cap M)}{P(M)}$
Die Pfadadditionsregel entspricht der Formel von der totalen Wahrscheinlichkeit:
$P(R) = P(R \mid M) \cdot P(M) + P(R \mid \overline{M}) \cdot P(\overline{M})$

Beobachtung

$$
P(B \mid A) \cdot P(A) = P(A \cap B) = P(A \mid B) \cdot P(B) \quad \text{für } P(A), P(B) > 0
$$

6.7 Formel von Bayes

(Ω, p) DZE mit WV P, $I \subset \mathbb{N}$, $(B_i)_{i \in I}$ paarweise disjunkt, $P(B_i) > 0$, $\Omega = \dot{\bigcup}_{i \in I} B_i$, $A \subset \Omega$. Dann gilt:

$$
P(B_j \mid A) = \frac{P(B_j \cap A)}{P(A)} = \frac{P(A \mid B_j) \cdot P(B_j)}{\sum_{i \in I} P(A \mid B_j) \cdot P(B_i)} \quad \forall j \in I
$$

6.8 Beispiel

Zurück zum Studenten aus 6.5. Mit welcher Wahrscheinlichkeit ist eine richtig gelöste Aufgabe am Nachtmittag bearbeitet worden?

Lösung

$$
P(N \mid R) = \frac{P(R \mid N) \cdot P(N)}{P(R)} = \frac{0,4 \cdot 0,8}{0,48} = \frac{0,32}{0,48} = \frac{2}{3}
$$

Interessanter Spezialfall

Das Eintreten von B hat keinen Einfluss auf die Wahrscheinlichkeit von A, also $P(A \mid B) = P(A)$.

6.9 Definition

(Ω, p) DZE mit WV P, $A, B \subset \Omega$. Dann heißen A und B <u>stochastisch unabhängig</u> (s.u.) genau dann, wenn

$$
P(A \cap B) = P(A) \cdot P(B)
$$

Ansonsten heißen sie stochastisch abhängig.

6.10 Anmerkung

Gilt zudem $P(A), P(B) > 0$ dann gilt: A, B s.u. $\Leftrightarrow P(A \mid B) = P(A)$; $P(B \mid A) = P(B)$

$$P(A \mid B) = \frac{P(A \cap B)}{P(B)} = \frac{P(A) \cdot P(B)}{P(B)} = P(A)$$

geometrische Veranschaulichung

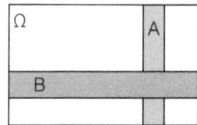

$P(A) = \frac{|A|}{|\Omega|} = \frac{|A \cap B|}{|B|} = P(A \mid B)$
stochastisch unabhängig

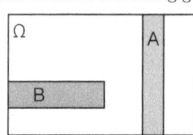

$0 < P(A) \neq P(A \mid B) = 0$
stochastisch abhängig

Frage: Wann gilt $P(A \cap B \cap C) = P(A) \cdot P(B) \cdot P(C)$? ⊛

Vermutung: A, B, C paarweise s.u.

6.11 Beispiele

a) paarweise s.u. $\not\Rightarrow$ ⊛
   zweimaliger Würfelwurf:
   A_1 : 6 im 1. Wurf
   A_2 : 6 im 2. Wurf
   A_3 : gleiche Zahl in beiden Würfen
   $\Omega = \{1, \ldots, 6\}^2$ LE; $A_1 = \{(6, j) \mid j \in \{1, \ldots, 6\}\}$; $A_2 = \{(i, 6) \mid i \in \{1, \ldots, 6\}\}$; $A_3 = \{(i, i) \mid i \in \{1, \ldots, 6\}\}$
   $P(A_1) = P(A_2) = P(A_3) = \frac{1}{6}$
   $A_1 \cap A_2 = \{(6, 6)\} = A_1 \cap A_3 = A_2 \cap A_3 \Rightarrow P(A_1 \cap A_2) = P(A_1 \cap A_3) = P(A_2 \cap A_3) = \frac{1}{36}$
   also $P(A_1 \cap A_2) = P(A_1) \cdot P(A_2)$ usw.
   Also sind A_1, A_2, A_3 paarweise stochastisch unabhängig.
   Aber $A_1 \cap A_2 \cap A_3 = \{(6, 6)\}$ und $P(A_1 \cap A_2 \cap A_3) = \frac{1}{36} \neq \left(\frac{1}{6}\right)^3$

b) ⊛ $\not\Rightarrow$ paarweise s.u.
   Beispiel: gezinkter Würfel: $\Omega = \{1, \ldots, 6\}$, $p(1) = p(2) = p(3) = \frac{1}{3}$, $p(4) = p(5) = p(6) = 0$
   $A_i = \{i\}$; $P(A_1 \cap A_2 \cap A_4) = P(\emptyset) = 0 = P(A_1) \cdot P(A_2) \cdot \underbrace{P(A_4)}_{=0}$ also gilt ⊛
   aber $P(A_1 \cap A_2) = P(\emptyset) = 0 \neq P(A_1) \cdot P(A_2) = \frac{1}{9}$ also nicht paarweise s.u.

Ausweg: neuer Begriff.

6.12 Definition

(Ω, p) DZE mit WV P. I eine Menge. $(A_i)_{i \in I} \subset \mathcal{P}(\Omega)$ eine Familie von Teilmengen von Ω.

a) Die Familie $(A_i)_{i \in I}$ heißt <u>stochastisch unabhängig</u> (bezüglich P) genau dann, wenn: $\forall m \in \mathbb{N}$ und
   paarweise verschiedene $i_1, \ldots, i_m \in I$ gilt:

$$P(A_{i_1} \cap \ldots \cap A_{i_m}) = P(A_{i_m}) \cdot \ldots \cdot P(A_{i_m})$$

b) Die Familie heißt <u>paarweise s.u.</u> bezüglich P genau dann, wenn $\forall i, j \in I$, $i \neq j$ gilt:

$$P(A_i \cap A_j) = P(A_i) \cdot P(A_j)$$

6.13 Multiplikationssatz

Sei (Ω, p) DZE mit WV P. $A_1, \ldots, A_n \subset \Omega$ mit $P(A_1 \cap \ldots \cap A_{n-1}) > 0$. Dann gilt:

$$P(A_1 \cap \ldots \cap A_n) = P(A_1) \cdot P(A_2 \mid A_1) \cdot P(A_3 \mid A_1 \cap A_2) \cdot \ldots \cdot P(A_n \mid A_1 \cap \ldots \cap A_{n-1})$$

Veranschaulichung

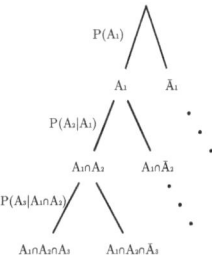

Beweis

Da $A_1 \supset A_1 \cap A_2 \supset \ldots \supset A_1 \cap \ldots \cap A_{n-1}$ gilt:
$P(A_1) \geq P(A_1 \cap A_2) \geq \ldots \geq P(A_1 \cap \ldots \cap A_{n-1}) > 0$
Daher ist die rechte Seite wohl definiert.

Induktion nach n:
$n = 1$: $P(A_1) = P(A_2)$
$n \to n+1$: $P(A_1 \cap \ldots \cap A_{n+1}) = P(A_{n+1} \mid A_1 \cap \ldots \cap A_n) \cdot P(A_1 \cap \ldots \cap A_n) \overset{IV}{=} P(A_{n+1} \mid A_1 \cap \ldots \cap A_n) \cdot P(A_1) \cdot P(A_2 \mid A_1) \cdot \ldots \cdot P(A_n \mid A_1 \cap \ldots \cap A_{n-1})$

6.14 Bemerkung

Es seien $A_1, \ldots, A_n$ s.u. Ereignisse, dann gilt:

$$P(A_1 \cap \ldots \cap A_n) \overset{MS}{=} P(A_1) \cdot P(A_2 \mid A_1) \cdot \ldots \cdot P(A_n \mid A_1 \cap \ldots \cap A_{n-1}) = P(A_1) \ldots P(A_n)$$

Insbesondere: $P(A_j \mid A_1 \cap \ldots \cap A_{j-1}) = P(A_j)$.
Das heißt, dass das Eintreffen der Ereignisse $A_1, \ldots, A_{j-1}$ keinen Einfluss auf die Wahrscheinlichkeit von A_j hat.

17.06.2014

6.15 Lemma

Sei (Ω, p) DZE mit WV P, $n \in \mathbb{N}$, $(\Omega^{(n)}, p^{(n)})$ die n-fache Durchführung von (Ω, p). Für $i \in \{1, \ldots, n\}$, $\overline{\omega} \in \Omega$. $\mathcal{A}_{i,\overline{\omega}} = \{(\omega_1, \ldots, \omega_n) \in \Omega^{(n)} \mid \omega_i = \overline{\omega}\}$. Für jede Wahl $\overline{\omega}_1, \ldots, \overline{\omega}_n \in \Omega$ sind dann die Ereignisse $\mathcal{A}_{1,\overline{\omega}_1}, \ldots, \mathcal{A}_{n,\overline{\omega}_n}$ stochastisch unabhängig.

Beweis

$$
\begin{aligned}
P^{(n)} \underbrace{(\mathcal{A}_{1,\overline{\omega}_1})}_{\text{Tupel}} &= \sum_{\omega \in \mathcal{A}_{1,\overline{\omega}}} p^{(n)}(\omega) \\
&= \sum_{(\omega_2, \ldots \omega_n) \in (\Omega)^{(n)}} p(\overline{\omega}_1) \cdot p(\omega) \cdot \ldots \cdot p(\omega_n) \\
&= p(\overline{\omega}) \cdot \sum_{\omega_2 \in \Omega} \cdots \sum_{\omega_n \in \Omega} p(\omega_2) \cdots p(\omega_n) \\
&= p(\overline{\omega}_1) \left(\sum_{\omega_2 \in \Omega} p(\omega_2) \right) \cdots \left(\sum_{\omega_n \in \Omega} p(\omega_n) \right) \\
&= P(\overline{\omega}_1)
\end{aligned}
$$

Seien jetzt für $m \leq n$ paarweise verschieden. Idizees $i_1, \ldots, i_m \in \{1, \ldots, n\}$, $j_1, \ldots, j_k \in \{1, \ldots, n\}$ gegeben, sodass $(i_1, \ldots, i_m) \dot{\cup} (j_1, \ldots, j_k) = \{1, \ldots, n\}$

$$
\begin{aligned}
p^{(n)}(A_{i_1, \overline{\omega}_1} \cap \ldots \cap A_{i_m, \overline{\omega}_{i_m}}) &= \sum_{\omega \in A_{i_1, \overline{\omega}_1} \cap \ldots \cap A_{i_m, \overline{\omega}_{i_m}}} p^{(n)}(\omega) \\
&= \sum_{\omega_{j_1} \in \Omega} \cdots \sum_{\omega_{j_k} \in \Omega} p(\overline{\omega}_{i_1}) \cdots p(\overline{\omega}_{i_m}) \cdot p(\omega_{j_1}) \cdots p(\omega_{j_k}) \\
&= p(\overline{\omega}_{i_1}) \cdots p(\overline{\omega}_{i_m}) \cdot \underbrace{\left(\sum_{\omega_{j_1} \in \Omega} p(\omega_{j_1}) \right)}_{=1} \cdots \underbrace{\left(\sum_{\omega_{j_k} \in \Omega} p(\omega_{j_k}) \right)}_{=1} \\
&= P^{(n)}(\mathcal{A}_{i_1}, \overline{\omega}_{i_1}) \cdots P^{(n)}(\mathcal{A}_{i_m}, \overline{\omega}_{i_m})
\end{aligned}
$$

Wir wollen nun den Begriff der stochastischen Unabhängigkeit auf ZGen erweitern:

6.16 Schreibweise

(Ω, p) ein DZE, $X_1, \ldots, X_n$ ZGen über Ω, $X_1, \ldots, X_n \in \mathbb{R}$. Wir schreiben

$$
P(X_1 = x_1 \wedge \ldots \wedge X_n = x_n) := P\left(X_1^{-1}(\{x_1\}) \cap \ldots \cap X_n^{-1}(\{x_n\}) \right)
$$

6.17 Definition

(Ω, p) ein DZE mit WV P, I eine Menge, $(X)_{i \in I}$ eine Familie von ZGen über Ω. Die Familie $(X_i)_{i \in I}$ heißt s. u., genau dann, wenn $\forall m \in \mathbb{N}, \forall i_1, \ldots, i_m \in I$ paarweise verschieden, $\forall x_1, \ldots, x_m \in \mathbb{R}$:

$$
P(X_{i_1} = x_1 \wedge \ldots \wedge X_{i_m} = x_m) = \prod_{j=1}^{m} P(X_{i_j} = x_j)
$$

6.18 Lemma

(Ω, p) ein DZE mit WV P, $n \in \mathbb{N}$, $X_1, \ldots, X_n$ ZGen über Ω. Dann ist die Familie $X_1, \ldots, X_n$ genau dann stochastisch unabhängig, wenn für alle $x_1, \ldots, x_n \in \mathbb{R}$:

$$
P(X_1 = x_1 \wedge \ldots \wedge X_n = x_n) = \prod_{j=1}^{n} P(X_j = x_j)
$$

Beweis

$6.17 \Rightarrow 6.18$ gilt
$6.18 \Rightarrow 6.17$:
$m \leq n$, $i_1, \ldots, i_m \in \{1, \ldots n\}$ paarweise verschieden. Komplementäre Indizes: $j_1, \ldots, j_k$ paarweise verschieden. $\{i_1, \ldots, i_m\} \dot{\cup} \{j_1, \ldots, j_k\} = \{1, \ldots, n\}$ muss gelten. $x_1, \ldots, x_m \in \mathbb{R}$

$$
\begin{aligned}
P(X_{i_1} = x_1 \wedge \ldots \wedge X_{i_m} = x_m) &= \sum_{y_1 \in \mathbb{R}} \cdots \sum_{y_k \in \mathbb{R}} P\left(X_{i_1} = x_1 \wedge \ldots \wedge X_{i_m} = x_m \wedge X_{j_1} = y_1 \wedge \ldots \wedge X_{j_k} = y_k \right) \\
&= \prod_{\mu=1}^{m} P(X_{i_\mu} = x_\mu) \cdot \prod_{\chi=1}^{k} P(X_{j_\chi} = y_\chi) \\
&= \sum_{\mu=1}^{m} P(X_{i_\mu} = x_\mu) \cdot \left(\sum_{y_1 \in \mathbb{R}} P(X_{j_1} = y_1) \right) \cdots \left(\sum_{y_k \in \mathbb{R}} P(X_{j_k} = y_k) \right) \\
&= P(X_{i_1} = x_1) \cdots P(X_{i_m} = x_m)
\end{aligned}
$$

6.19 Multiplikationssatz für Erwartungswerte

(Ω, p) DZE mit WV P, $n \in \mathbb{N}$, $X_1, \ldots, X_n$ ZGen über Ω s. u. und es existiere $E(X_i)$ für $i = 1, \ldots, n$. Dann gilt: $E(X_1 \cdots X_n)$ existiert und es gilt:

$$
E(X_1 \cdots X_n) = E(X_1) \cdots E(X_n)
$$

Beweis

$$
\begin{aligned}
E(X_1)\cdots E(X_n) &= \left(\sum_{x_1\in\mathbb{R}} x_1\cdot P(X_1=x_1)\right)\cdots\left(\sum_{x_n\in\mathbb{R}} x_n\cdot P(X_n=x_n)\right)\\
&= \sum_{x_1\in\mathbb{R}}\cdots\sum_{x_n\in\mathbb{R}} \underbrace{x_1\cdots x_n}_{=:z}\cdot\underbrace{P(X_1=x_1)\cdots P(X_n=x_n)}_{P(X_1=x_1\wedge\ldots\wedge X_n=x_n)}\\
&= \sum_{z\in\mathbb{R}} z \sum_{x_1,\ldots,x_n\in\mathbb{R};\,x_1\cdots x_n=z} P(X_1=x_1\wedge\ldots\wedge X_n=x_n)\\
&= \sum_{z\in\mathbb{R}} P(X_1\cdots X_n=z)\\
&= E(X_1\cdots X_n)
\end{aligned}
$$

6.20 Korollar

(Ω,p) ein DZE it WV P, I eine Menge, $(X_i)_{i\in I}$ eine Familie von s. u. ZGen über Ω. Dann gilt:

a) Die X_i sind paarweise unkorreliert

b) $\forall m\in\mathbb{N}$, $i_1,\ldots,i_m\in I$ paarweise verschieden:

$$
\mathrm{Var}(X_{i_1}+\ldots+X_{i_m})=\sum_{j=1}^{m}\mathrm{Var}(X_{i_j})
$$

Beweis

a) $\mathrm{Cov}(X_i,X_j)=E(X_iX_j)-E(X_i)E(X_j)\overset{6.19}{=}E(X_i)E(X_j)-E(X_i)E(X_j)=0$

b) folgt aus der Formel für die Varianzen

Die Umkehrung gilt nicht:

6.21 Beispiel

$\Omega=\{-2,-1,1,2\}$, LE, $X(\omega)=\omega$. Dann sind X und X^2 unkorreliert:

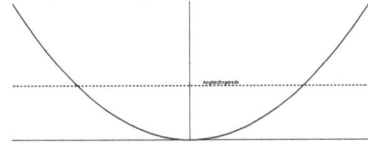

$\mathrm{Cov}(X,X^2)=E(X^2)-E(X)E(X^2)=0$
X und X^2 sind aber nicht stochastisch unabhängig:
$P(X^2=1\wedge X=2)=P(\emptyset)=0\neq P(X^2=1)\cdot P(X=2)=\frac{1}{2}\cdot\frac{1}{4}=\frac{1}{8}$

7 Der zentrale Grenzwertsatz und die Näherungsformel von Moivre-Laplace

24.06.2014

7.1 motivierendes Beispiel

Ein fairer Würfel wird 6000 Mal geworfen. Wie wahrscheinlich ist es, dass zwischen 500 und 1050 mal eine 8 fällt?

Lösung bekannt: $\Omega = \{0, 1\}$, $p(1) = \frac{1}{6}$; $\left(\Omega^{(6000)}, p^{(6000)}\right)$ Beinoulli-Kette der Länge 6000 zum Parameter $\frac{1}{6}$.

$X_i : \Omega^{(n)} \to \mathbb{R}$, $(\omega_1, \ldots, \omega_{6000}) \mapsto \omega_i$

P^{X_i} ist bekannt; $P(X_i = 1) = \frac{1}{6}$; $P(X_i = 0) = \frac{5}{6}$; $E(X_i) = \frac{1}{6}$; $\operatorname{Var}(X_i) = \frac{1}{6} \cdot \frac{5}{6} = \frac{5}{36}$

$(X_i)_{i=1,\ldots 6000}$ ist stochastisch unabhängig.

$S = \sum_{i=1}^{6000} X_i :$ „Anzahl der gewürfelten 6-en"

$E(S) = 6000 \cdot \frac{1}{6} = 1000$

$\operatorname{Var}(S) = \sum_{i=1}^{n} 6000 \cdot \frac{5}{36} = \frac{5000}{6}$

$$P(S = k) = \begin{cases} B_{6000, \frac{1}{6}}(k) & \text{für } k \in \{0, \ldots, 6000\} \\ 0 & \text{sonst} \end{cases}$$

uns interessiert:

$$P(500 \leq S \leq 1050) = \sum_{k=500}^{1050} B_{6000, \frac{1}{6}}(k) = \sum_{k=500}^{1050} \binom{6000}{k} \frac{1}{6}^k \left(\frac{5}{6}\right)^{6000-k}$$

Das ist aber sehr aufwendig zu berechnen. Gibt es denn ein sparsameres Verfahren?

(1) Approximation durch Poissonverteilung (3.16):
$B_{n,p}(k) \approx \frac{(np)^k}{k!} e^{-np}$; $P(500 \leq S \leq 1050) \approx \sum_{k=500}^{1050} \frac{1000^k}{k!} e^{-1000}$
immer noch unangenehm!

(2) Tschebyscheff-Ungleichung (TU): Abschätzung nach unten:

$$
\begin{aligned}
P(500 \leq S \leq 1050) \geq P(950 \leq S \leq 1050) &= P(|S - E(S)| \leq 50) \\
&= 1 - P(|S - E(S)| \geq 51) \\
&\overset{\text{TU}}{\geq} 1 - \frac{\operatorname{Var}(S)}{51^2} = 1 - \frac{5000}{6 \cdot 51^2} \\
&\approx 0,68
\end{aligned}
$$

Das ist nur eine grobe Abschätzung.

(3) Wie entwickelt sich eigentlich die Verteilung $B_{n,p}$ für große n? Konvergiert die in irgendeinem Sinn für $n \to \infty$?

Veranschaulichung

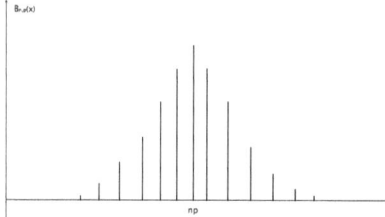

Für größer werdendes n

- „wandert die Verteilung nach rechts"
- Amlpitude wird kleiner
- Verteilung wird breiter
  $\operatorname{Var}(B_{n,p}) = np(1-p)$
- wird glockenförmiger

Übergang zu $\widehat{S}_n := S_n - np$; $E(\widehat{S}_n) = 0$; $\operatorname{Var}(\widehat{S}_n) = \operatorname{Var}(S_n) = np(1-p)$

Veranschaulichung

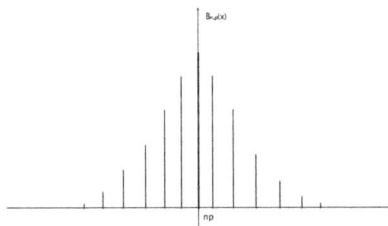

$$P(S_n = k) = B_{n,p}(k) = P(S_n - np = \underbrace{k - pn}_{=1})$$

Für größer werdendes n nimmt die Amplitude ab, die Breite $\sim np(1-p)$ nimmt zu.
Wir normieren weiter:

$$\widetilde{S}_n := \frac{S_n - np}{\sqrt{np(1-p)}}$$

Dann gilt $E(\widetilde{S}_n) = 0$; $\mathrm{Var}(\widetilde{S}_n) = 1$ für alle $k \in \mathbb{N}$.

Veranschaulichung

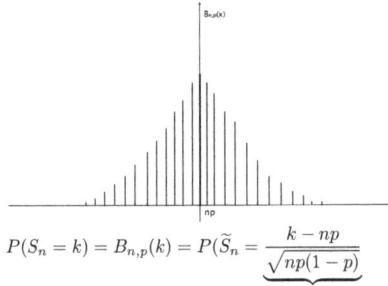

$$P(S_n = k) = B_{n,p}(k) = P(\widetilde{S}_n = \underbrace{\frac{k - np}{\sqrt{np(1-p)}}}_{=x})$$

Für größer werdendes n

- Breite bleibt erhalten

- Amplituden nehmen ab

- Anzahl der Striche um 0 nimmt zu

Wie groß ist der Abstand von einem Schritt zum nächsten?

$$\frac{k+1-np}{\sqrt{np(1-p)}} - \frac{k-np}{\sqrt{np(1-p)}} = \frac{1}{\sqrt{np(1-p)}}$$

$$k \in \{0,\dots,n\};\ P\left(\widetilde{S}_n = \underbrace{\frac{k - np}{\sqrt{np(1-p)}}}_{=x}\right) = P\left(x \le \widetilde{S}_n < x + \frac{1}{\sqrt{np(1-p)}}\right)$$

$$\frac{P\left(x \le \widetilde{S}_n < x + \frac{1}{\sqrt{np(1-p)}}\right)}{\frac{1}{\sqrt{np(1-p)}}}$$

bewegt sich nicht mehr für n wachsend.

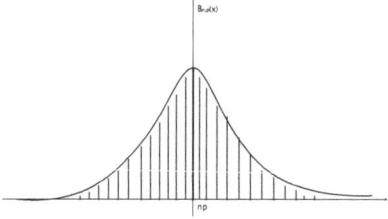

Für wachsendes n nimmt lediglich die Anzahl der Striche in einem festen Intervall zu.
Für die einhüllende Funktoin gilt:

$$\varphi(x) = \frac{1}{\sqrt{2\pi}} e^{-\frac{x^2}{2}}$$

Man „sieht":

$$P\left(\frac{S_n - np}{\sqrt{np(1-p)}} = \underbrace{\frac{k - np}{\sqrt{np(1-p)}}}_{=x}\right) \approx \frac{1}{\sqrt{np(1-p)}} \cdot \frac{1}{\sqrt{2\pi}} e^{-\frac{x^2}{2}}$$

Es gilt:

7.2 Die Apprixomation von Moivre-Laplace

Es sei $p_0 \in]0,1[$, $(\Omega^{(n)}, p^{(n)})$ Bernoullikette zu dem Parameter n und p. $X_i((\omega_1, \ldots, \omega_n)) = \omega_i$; $S_n = \sum_{i=1}^{n} X_i$. Dann gilt für alle $-\infty \le a > b \le \infty$

$$\lim_{n \to \infty} P\left(a \le \frac{S_n - E(S_n)}{\sqrt{\mathrm{Var}(S_n)}} \le b\right) = \frac{1}{\sqrt{2\pi}} \cdot \int_a^b e^{-\frac{x^2}{2}} \mathrm{d}x$$

Insbesondere gilt für große n:

$$P\left(a \le \frac{S_n - E(S_n)}{\sqrt{\mathrm{Var}(S_n)}} \le b\right) \approx \frac{1}{\sqrt{2\pi}} \cdot \int_a^b e^{-\frac{x^2}{2}} \mathrm{d}x$$

7.3 Bemerkungen

Was bedeutet „große n"?
Faustregel: $\sqrt{np(1-p)} > 3$
Beweis leider nicht in dieser Vorlesung.
Für die Gauss'sche Glockenfunktion

$$\varphi(x) = \frac{1}{\sqrt{2\pi}} e^{-\frac{x^2}{2}}$$

φ ist beliebig oft differenzierbar, achsensymmetrisch ist auf $\mathbb{R}$ uneigentlich-Riemann-integrierbar mit
$\int_{-\infty}^{\infty} \varphi(x) \mathrm{d}x = 1$.

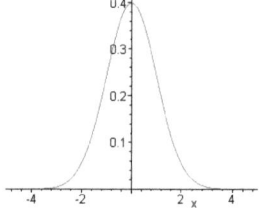

Es gibt keinen geschlossenen Ausdruck für eine Stammfunktion.
Wir definieren die Normalverteilungsfunktion

$$\Phi(x) := \int_{-\infty}^{x} \varphi(x)\mathrm{dx}$$

Es gilt:

$$\lim_{x \to -\infty} \Phi(x) = 0; \quad \lim_{x \to \infty} \Phi(x) = 1; \quad \Phi(0) = \frac{1}{2}$$

$\Phi(-x) = 1 - \Phi(x)$

Die Werte von Φ sind für $0 \le x$ tabelliert.

7.4 Zurück zu Beispiel 7.1

$$
\begin{aligned}
P(500 \le S \le 1050) &= P\left(\underbrace{-\frac{500}{\sqrt{\frac{5000}{6}}}}_{\approx -17,3} \le \frac{S - 1000}{\sqrt{\frac{5000}{6}}} \le \underbrace{\frac{50}{\sqrt{\frac{5000}{6}}}}_{\approx 1,73} \right) \\
&\approx \frac{1}{\sqrt{2\pi}} \cdot \int_{-17,3}^{1,73} e^{-\frac{x^2}{2}} \mathrm{dx} \\
&= \Phi(1,73) - \Phi(-17,3) \\
&= \Phi(1,73) - \underbrace{(1 - \Phi(17,3))}_{\approx 0} \\
&\approx 0,9592
\end{aligned}
$$

Wiederholung

26.06.2014

Lokale Approximation

$$
\begin{aligned}
B_{n,p}(k) &= P(S_n = k) \\
&= P\left(\frac{S_n - \mu_n}{\sigma_n} = \frac{k - \mu_n}{\sigma_n} \right) \\
&\approx \frac{1}{\sigma_n} \cdot \frac{1}{\sqrt{2\pi}} \cdot e^{-\frac{1}{2}\left(\frac{k - \mu_n}{\sigma_n} \right)^2}
\end{aligned}
$$

$-\infty \le a < b \le +\infty$

$$\lim_{n \to \infty} P\left(a \le \frac{S_n - \mu_n}{\sigma_n} \le b \right) = \frac{1}{\sqrt{2\pi}} \int_a^b e^{-\frac{1}{2}x^2} \mathrm{dx}$$

$$
\begin{aligned}
P\left(a \le \frac{S_n - \mu_n}{\sigma_n} \right) &\approx \frac{1}{\sqrt{2\pi}} \int_a^b e^{-\frac{1}{2}x^2} \mathrm{dx} \\
&= \Phi(b) - \Phi(a) \\
\text{mit} \quad \Phi(x) &= \frac{1}{\sqrt{2\pi}} \int_{-\infty}^{x} e^{-\frac{y^2}{2}} \mathrm{dy}
\end{aligned}
$$

$$P(a \le S_n \le b) = P\left(\frac{a - \mu_n}{\sigma_n} \le \frac{S_n - \mu_n}{\sigma_n} \le \frac{b - \mu_n}{\sigma_n} \right)$$

7.5 Konfidenzintervalle angeben

Für den 100-maligen Wurf eines feiren Würfels, möchte man ein Intervall um $p = \frac{1}{6}$ angeben, in dem die relative Häufigkeit $\overline{X}_n = \frac{\sum X_i}{n}$ für eine 6 mit einer Wahrscheinlichkeit von mindestens 60% landet.

1. Lösungsvariante (mit Tschebyscheff)

$E(\overline{X}_n) = p$, $\mathrm{Var}(\overline{X}_n) = \frac{n}{n^2} \cdot p(1-p) = \frac{p(1-p)}{n}$

Bestimme $\varepsilon > 0$ möglichst klein, sodass $P(|\overline{X}_n - p| < \varepsilon) \geq 0,6$

$$
\begin{aligned}
P(|\overline{X}_n - E(\overline{X}_n)| < \varepsilon) &= 1 - \underbrace{P(|\overline{X}_n - E(\overline{X}_n)| \geq \varepsilon)}_{\leq \frac{\mathrm{Var}(\overline{X}_n)}{\varepsilon^2}} \\
&\geq 1 - \frac{\mathrm{Var}(\overline{X}_n)}{\varepsilon^2} \\
&= 1 - \frac{p(1-p)}{n \cdot \varepsilon^2} \\
&\overset{!}{=} 0,6
\end{aligned}
$$

$$
\begin{aligned}
1 - \frac{p(1-p)}{n \cdot \varepsilon^2} &= 0,6 \\
\Leftrightarrow \qquad \varepsilon^2 &= \frac{p(1-p)}{n \cdot 0,4} \\
\Leftrightarrow \qquad \varepsilon &= \sqrt{\frac{p(1-p)}{n \cdot 0,4}} \\
&= \frac{\sigma}{\sqrt{0,4}}
\end{aligned}
$$

Für $p = \frac{1}{6}$ und $n = 100$ folgt: $\varepsilon \approx 0,059$

Wir erhalten also das Intervall

$$
\left[\frac{1}{6} - 0,059, \frac{1}{6} + 0,059 \right] \approx [1,107, 0,226]
$$

Da die ZG $\overline{X}_{100}$ nur Vielfache von $\frac{1}{100}$ annehmen kann, nehmen wir das Intervall $[0,11, 0,22]$

2. Lösungsvariante (Approximation mit Moivre-Laplace)

$|x| < a \Leftrightarrow -a < x < a$

$$
\begin{aligned}
P(|\overline{X}_n - p| \leq \varepsilon) &= P(|S_n - np| \leq n\varepsilon) \\
&= P\left(\left| \frac{S_n - E(S_n)}{\sigma_{S_n}} \right| \leq \frac{n\varepsilon}{\sigma_{S_n}} \right) \\
&\overset{ML}{=} \frac{1}{\sqrt{2\pi}} \int_{-\frac{n\varepsilon}{\sigma_{S_n}}}^{+\frac{n\varepsilon}{\sigma_{S_n}}} e^{-\frac{x^2}{2}} \mathrm{d}x \\
&= \Phi\left(\frac{n\varepsilon}{\sigma_{S_n}} \right) - \Phi\left(-\frac{n\varepsilon}{\sigma_{S_n}} \right) \\
&= 2 \cdot \Phi\left(\frac{n\varepsilon}{\sigma_{S_n}} \right) - 1 \\
&\overset{!}{\geq} 0,6
\end{aligned}
$$

$\underbrace{\Phi\left(\frac{n\varepsilon}{\sigma_{S_n}} \right)}_{=x} \geq 0,8$. Aus Tabellen entnehmen wir:

$$
0,84 < \frac{n\varepsilon}{\sigma_{S_n}} \overset{!}{<} 0,85
$$

$\varepsilon = 0,85 \cdot \frac{\sigma_{S_n}}{n} = 0,85 \cdot \frac{\sqrt{np(1-p)}}{n} \approx 0,0327$ (mit $p = \frac{1}{6}$ und $n = 100$)

Intervall: $[\frac{1}{6} - 0,0327, \frac{1}{6} + 0,0327]$

es reicht: $[0,14, 0,2]$, da $\overline{X}_n$ nur Vielfache von $\frac{1}{100}$ annimmt.

Moivre-Laplace ist ein Spezialfall des

7.6 Zentralen Grenzwertsatzes

Sei (Ω, p) ein DZE mit WV P. Seien $(X_i)_{i \in \mathbb{N}}$ stochastisch unabhängig und identisch verteilt, d. h. $P^{X_i} = P^{X_j}$ für alle $i, j \in \mathbb{N}$. Ferner existiere $\mu := E(X_i)$ und $\sigma^2 := \mathrm{Var}(X_i) > 0$. Dann gilt für $-\infty \le a < b \le \infty$:

$$\lim_{n \to \infty} P\left(a \le \frac{\sum_{i=1}^{n}(X_i - \mu)}{\sigma} \le b\right) = \frac{1}{\sqrt{2\pi}} \int_a^b e^{-\frac{x^2}{2}} \mathrm{dx} = \Phi(b) - \Phi(a)$$

Beweis

Im Seminar im WS 14/15

7.7 Anmerkungen

Verallgemeinerung

- Loslösung von DZE auf allgemeine ZE

- es reicht auch $(X_i)_{i \in \mathbb{N}}$ stochastisch unabhängig
  $0 < A \le \mathrm{Var}(X_i) \le B; \ \forall i \in \mathbb{N}$
  $E(|X_i - E(X_i)|^3) \le C; \ \forall i \in \mathbb{N}$

$$\lim_{n \to \infty} P\left(a \le \frac{\sum_{i=1}^{n}(X_i - E(X_i))}{\sum_{i=1}^{n} \sqrt{\mathrm{Var}(X_i)}} \le b\right) = \Phi(b) - \Phi(a)$$

Tschebyscheff (1887) mit Lücken
Markow (1899) Lückenschluss
weitere Verallgemeinerung Ljapunov (1901)

8   Stetig verteilte Zufallsgrößen

Es liegt nahe, die Funktion $\varphi(x) = \frac{1}{\sqrt{2\pi}} e^{-\frac{x^2}{2}}$ als Wahrscheinlichkeitsdichte eine ZGe X anzusehen. Man würde dann folgendes gerne haben:

$$P(a \leq X \leq b) = \int_a^b \varphi(x) \, \mathrm{d}x$$

Problem

X kann dann nicht eine Zufallsgröße über einem diskreten Zufallsexperiment sein, denn dann müsste $X(\Omega^*)$ diskret sein. Um auch solche ZGen zu betrachten, verlassen wir den Rahmen der DZE und betrachten allgemeine ZE. Der akzeptierte Satz von Axiomen lautet folgendermaßen

8.1   Definition (Kolmogoroff)

Sei $\Omega \neq \emptyset$ eine beliebige Menge. Eine Menge $\mathcal{A} \subset \mathcal{P}(\Omega)$ heißt $\sigma-$Algebra, wenn

  i) $\emptyset \in \mathcal{A}$

 ii) $A \in \mathcal{A} \Rightarrow \overline{A} \in \mathcal{A}$ (Abgeschlossengeit bzgl. der Komplementbildung)

iii) Für $(A_i)_{i \in \mathbb{N}} \subset \mathcal{A} \Rightarrow \left(\bigcup_{i \in \mathbb{N}} A_i \right) \in \mathcal{A}$ (Abgeschlossenheit bzgl. abzählbarer Vereinigungen)

Ein Wahrscheinlichkeitsmaß P ist dann eine Abbildung $P : \mathcal{A} \to [0, 1]$ mit folgenden Eigenschaften:

  i) $P(\emptyset) = 0$

 ii) $P(\Omega) = 1$

iii) Für jede Folge $(A_i) \subset \mathcal{A}$ mit A_i, A_j paarweise disjunkt gilt:

$$P \left(\dot{\bigcup}_{i \in \mathbb{N}} A_i \right) = \sum_{i \in \mathbb{N}} P(A_i)$$

8.2   Definition

01.07.2014

Eine ZG X heißt stetig mit Dichte f_X, genau dann, wenn es eine auf $\mathbb{R}$ integrierbare Funktion $f_X : \mathbb{R} \to [0, \infty[$, so dass für alle

  i) $-\infty \leq a < b \leq +\infty$:

$$P(a \leq X \leq b) = \int_a^b f_X(x) \, \mathrm{d}x$$

 ii) insbesondere:

$$\int_{-\infty}^{\infty} f_X(x) \, \mathrm{d}x = 1$$

Veranschaulichung

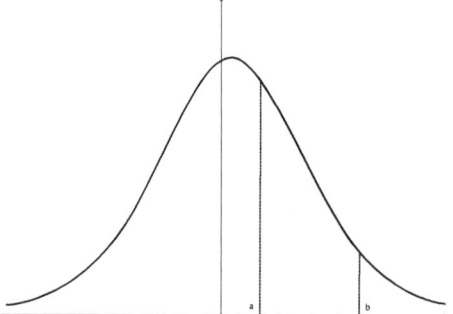

8.3 Definition (Erwartungswert und Varianz)

Es sei x eine stetig verteilte ZG mit f_X

i) Falls $\int_{-\infty}^{\infty} |x| f_X(x) \, dx < \infty$ definieren wir den Erwartungswert von X als:

$$E(X) := \int_{-\infty}^{\infty} x \cdot f_X(x) \, dx$$

ii) Falls $\int_{-\infty}^{\infty} x^2 f_X(x) \, dx < \infty$ definieren wir die Varianz von X als:

$$\text{Var}(X) := \int_{-\infty}^{\infty} (x - E(X))^2 \cdot f_X(x) \, dx$$

8.4 Definition und Lemma

i) Sei X <u>stetig verteilt mit Dichte</u> (s.v.m.D.) $f_X(x) = \frac{1}{\sqrt{2\pi}} e^{-\frac{x^2}{2}}$, dann heißt X standard-normalverteilt und es gilt:

$$E(X) = 0 \;\wedge\; \text{Var}(x) = 1$$

ii) X heißt <u>normalverteilt</u> mit Parametern $\mu \in \mathbb{R}$ und $\sigma > 0$, falls

$$f_X(x) = \frac{1}{\sqrt{2\pi}\sigma} \cdot e^{-\frac{1}{2} \cdot \left(\frac{x-\mu}{\sigma}\right)^2}$$

und es gilt $E(X) = \mu \;\wedge\; \text{Var}(X) = \sigma^2$

iii) X heißt <u>gleichverteilt</u> auf $[a, b]$ für $-\infty < a < b < \infty$, falls

$$f_X(x) = \begin{cases} \frac{1}{b-a} & \text{für } x \in [a, b] \\ 0 & \text{sonst} \end{cases}$$

iv) X heißt <u>exponentiell verteilt</u> zum Parameter $\lambda > 0$, falls

$$f_X(x) = \begin{cases} \lambda e^{-\lambda x} & \text{für } x \geq 0 \\ 0 & \text{für } x < 0 \end{cases}$$

Beweis

i) Wir akzeptieren erst mal:

$$\frac{1}{\sqrt{2\pi}} \cdot \int_{-\infty}^{\infty} e^{-\frac{x^2}{2}} \, dx \;=\; 1$$

Außerdem gilt nach Analysis 1 (EW existiert):

$$\int_{-\infty}^{\infty} |x| e^{-\frac{x^2}{2}} \, dx < \infty$$

$\forall a > 0$:

$$\frac{1}{\sqrt{2\pi}} \int_{-a}^{a} x \cdot e^{-\frac{x^2}{2}} \, dx = 0$$

da f_X eine ungerade Funktion ist. Daraus folgt:

$$E(X) = \lim_{a \to \infty} \int_{-a}^{a} f_X(x) \, dx = 0$$

Zur Varianz nach Analysis 1:

$$\int_{-\infty}^{\infty} x^2 e^{-\frac{x^2}{2}} \, dx < \infty$$

Außerdem:

$$
\begin{aligned}
\int_a^b x^2 e^{-\frac{x^2}{2}}\,\mathrm{dx} \;&=\; \int_a^b x\cdot x e^{-\frac{x^2}{2}}\,\mathrm{dx}\\[4pt]
\text{(partielle Integration)}\quad &=\; \left[-x\cdot e^{-\frac{x^2}{2}}\right]_a^b + \int_a^b e^{-\frac{x^2}{2}}\\[4pt]
&\Rightarrow\; \lim_{\substack{a\to-\infty\\ b\to+\infty}} \int_a^b x^2 e^{-\frac{x^2}{2}}\\[4pt]
&=\; \int_{-\infty}^{\infty} e^{-\frac{x^2}{2}}\,\mathrm{dx}\\[4pt]
&=\; \sqrt{2\pi}
\end{aligned}
$$

Teil II
Beurteilende Statistik

Gegenüberstellung

I WT: Aus einer bekannten Wahrscheinlichkeitsverteilung soll auf die Wahrscheinlichkeit von einem Ereignis geschlossen werden.

II BS: Die Wahrscheinlichkeitsverteilung ist unbekannt. Anhand von Realisierungen des Zufallsexperiments, soll auf die zugrundeliegende Wahrscheinlichkeitsverteilung geschlossen werden.

1 Statistische Testverfahren

1.1 Beispiel: Ein Glücksspielanbieter

Ein Glücksspielanbieter hat zwei Arten von Würfeln. Die eine Art ist fair, beu der anderen fällt die 6 mit der Wahrscheinlichkeit 0,18. Er behauptet, einen fairen Würfel zu benutzen, die Polizeit glaubt ihm nicht und will den eingesetzten Würfel testen. Dazu würfeln sie 100 mal und beschließen, dass wenn mehr als 25 mal eine 6 fällt, wird der Anbieter verhaftet, weil der Würfel mit ausreichender Sicherheit gezinkt sei, anderenfalls muss er laufen gelassen werden.

Modellierung

$\Omega = \{0; 1\}$, mit $p(1) = p_0 \in \{\frac{1}{6}; 0,18\}$ sowie $\left(\Omega^{(100)}, p^{(100)}\right)$

$$S : \Omega^{(100)} \to \mathbb{R}, \ (\omega_1, \ldots, \omega_{100}) \mapsto \sum_{i=1}^{100} \omega_i \quad \text{Anzahl der 6}$$

Hypothesen: H_0 : Der Würfel ist fair, also $p_0 = \frac{1}{6}$ („Nullhypothese")
H_1 : Der Würfel ist gezinkt, also $p_0 = 0,18$ („Alternative")

Entscheidungsregel

$$S\left(\Omega^{(100)}\right) = \{0, \ldots, 100\} = \underbrace{\{0, \ldots, 24\}}_{K_0} \dot{\cup} \underbrace{\{25, \ldots, 100\}}_{K_1}$$

K_0 : Annahmebereich
K_1 : Verwerfungsbereich
Die Polizei würfelt nun und erhält $s = 27$.

Frage: 1) Angenommen der Würfel ist fair, mit welcher Wahrscheinlichkeit nimmt die Zufallsgröße S Werte im Verwerfungsbereich K_1 an?

$$P_{\frac{1}{6}}(S \in K_1) = \sum_{k=25}^{100} B_{100,\frac{1}{6}}(k) = 1 - \sum_{k=0}^{24} B_{100,\frac{1}{6}}(k) \approx 0,0217$$

Das heißt, <u>wenn der Würfel fair ist</u> und wir ihn sehr oft gemäß der obigen Entscheidungsregel testen, dann wird er nach dem Gesetz der großen Zahlen auf lange Sicht in ca. $2,17\%$ aller Tests fälschlicherweise als gezinkt getestet. Man redet vom Fehler <u>1. Art</u> oder <u>α − Fehler</u>.

2) Angenommen der Würfel ist gezinkt, als $p_0 = 0,18$. Mit welcher Wahrscheinlichkeit landet S im Annahmebereich K_0?

$$P_{0,18}(S \in K_0) = \sum_{k=0}^{24} B_{100,0,18}(k) \approx 0,9054$$

Das heißt, <u>wenn der Würfel gezinkt ist</u> und dieser Test sehr oft durchgeführt wird, wird auf lange Sich der Würfel in ca. 91% aller Tests fälschlicherweise als nicht gezinkt durchgehen. Man redet vom Fehler <u>2. Art</u> oder <u>β − Fehler</u>.

Insgesamt nennt man so einen Test einen <u>einfachen Hypothesentest</u>.

Die Polizeit würfel 27 mal eine 6 und nimmt den Mann fest: Wir betrachten die folgenden Aussagen:

- Der Mann ist schuldig! (unzulässig)

- Der Mann ist mit einer Wahrscheinlichkeit von 97, 83% schuldig.
  Falsch: Entweder ist der Mann schuldig oder eben nicht, er selber wird es wohl wissen.

- Der Mann wird mit einer Wahrscheinlichkeit von 2, 17% zu unrecht verhaftet.
  Falsch: Siehe oben.

1.2 Beispiel

03.07.2014

Wie in Beispiel 1.1. Nun sei aber die tatsächliche Wahrscheinlichkeit nicht von vorneherein auf $\frac{1}{6}$ und $0,18$ eingeschränkt. Also alle $p_0 \in [0;1]$ sind erstmal möglich.
$H_0 : p_0 \leq \frac{1}{6}$ (Nullhypothese)
$H_1 : p_0 > \frac{1}{6}$ (Würfel würfelt zu viele 6en → Gefängnis

Entscheidungregel: $n = 100$; $K_0 = \{0, \ldots, 24\}$; $K_1 = \{25, \ldots, 100\}$

Wir betrachten die Gütefunktion:

$$[0;1] \ni p_0 \longmapsto g(p_0) := P_{p_0}(S \in K_1)$$

Die Gütefunktion gibt die Wahrscheinlichkeit an, bei dem Test bei der als wahr angenommenen Wahrscheinlichkeit p_0 im Verwerfungsbereich zu landen. Hier:

$$g(p_0) = 1 - P_{p_0}(S \leq 24) = 1 - \sum_{k=0}^{24} B_{100,p_0}(k)$$

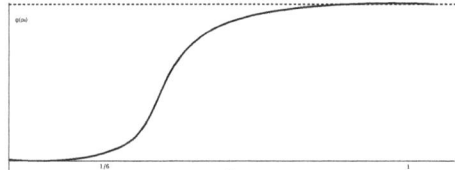

Wenn also der Würfel z. B. tatsächlich die Wahrscheinlichkeit $p_0 = 0, 2$ für eine 6 hat, würde so ein Test auf lange Sicht in $g(0,2) \cdot 100\%$ aller Testdurchführungen zur Verhaftung des Glücksspielers führen.

1.3 Begrifflichkeiten der Schätztheorie

Für eine ZG X stehen eine Schar von möglichen Verteilungen zur Diskussion, P_p die durch einen Parameter $p \in \Theta$ parametrisiert ist. Θ ist der sogenannte Parameterraum, der die möglichen Parameter enthält. Ein fester aber unbekannter Parameter $\bar{p}$ wird als wahr angesehen. Ferner gilt: $\Theta = \Theta_0 \dot\cup \Theta_1$. Ein statistischer Test ist eine Entscheidungsregel, die für jede Realisierung x von X festlegt, ob man sich für die Nullhypothese $H_0 : \bar{p} \in \Theta_0$, oder für die Alternative $H_1 : \bar{p} \in \Theta_1$ entscheidet.
Dazu wird der Wertebereich $R(X)$ (oder auch $X(\Omega)$) disjunkt zerlegt: $R(X) = K_0 \dot\cup K_1$ in den Annahmebereich K_0 und den Verwerfungsbereich K_1.

Entscheidungsregel

$x \in K_0 :$ man bleibt bei der Nullhypothese

$x \in K_1 :$ Nullhypothese wird abgelehnt, die Alternative wird gewählt

Ist $\bar{p} \in \Theta_0$, aber $x \in K_1$, spricht man von einem Fehler 1. Art (fälschliche Verwerfung der Nullhypothese).
Ist $\bar{p} \in \Theta_1$, aber $x \in K_0$, spricht man von einem Fehler 2. Art (fälschliche Beibehaltung der Hypothese).
Die Funktion

$$g : \Theta \to [0;1], \ p \mapsto P_p(X \in K_1)$$

heißt die Gütefunktion des Tests.
Das Signifikanzniveau α des Tests ist definiert durch

$$\alpha = \sup_{p \in \Theta_0} g(p)$$

Interpretation: Wenn H_0 wahr ist, dann wird bei einer häufigen Wiederholung des Tests die Nullhypothese in höchstens $\alpha \cdot 100\%$ aller Durchführungen fälschlicherweise verworfen. Man spricht von Tests zum Signifikanzniveau α. Häufig: $0,1 \leq \alpha \leq 0,1$.

! Wird die Nullhypothese durch das Ergebnis eines Tests nicht verworfen, sagt lediglich aus, dass die Realisierung nicht sehr unahrscheinlich unter H_0 ist. H_0 ist dadurch keinesfalls „bewiesen".

! Meistens führt man einen Test mit der Intention durch, die Nullhypothese abzulehnen. Man hofft auf eine Realisierung $x \in K_1$ und kann dann sagen, dass die Nullhypothese auf dem Signifikanzniveau α verworfen wird.

1.4   zweiseitige Hypothesentests

Zurück zum Glücksspieler: Auch ein Würfel der zuwenig 6en würfelt, soll bestraft werden.
$H_0: \ p = \frac{1}{6}$
$H_1: \ p \neq \frac{1}{6}$
Test soll 100 Würfe umfassen
Signifikanzniveau 1%
mögliche Realisierungen: $\{0, \dots, 100\}$
kritische Realisierungen: sehr kleine und sehr große
Für $p = \frac{1}{6}$ zugrunde liegende Verteilung ist $B_{100, \frac{1}{6}}$

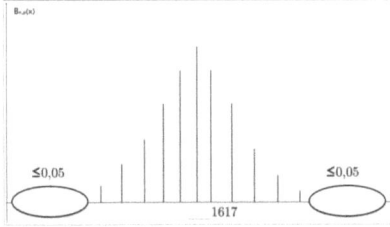

Wir suchen k_0, so dass
$P_{\frac{1}{6}}(S \leq k_0) \leq 0,005$ ist und $P_{\frac{1}{6}}(S \leq k_0 + 1) > 0,005$ und k_1 mit
$P_{\frac{1}{6}}(S \geq k_1) \leq 0,005)$ und $P_{\frac{1}{6}}(S \geq k+1) \leq 0,005$
Wir wählen dann
$K_0 = \{k_0 + 1, \dots, k_1 - 1\}, \ k_0 = 7$
$K_1 = \{0, \dots, k_0\} \cup \{k_1, \dots, 100\}, \ k_1 = 28$
Die Polizei ist unzufrieden mit diesem Test. Ihr ist die Güte des Tests zu schlecht: Angenommen der Würfel hat tatsächlich eine zugrunde liegende Wahrscheinlichkeit $p = 0,12$, so wird der Glücksspieler in zu wenigen Fällen verhaftet.

1.5   Testplanung für einen einseitigen Test

In einem Bernoulli-Experiment soll die Hypothese
$H_0 : \bar{p} \geq p_0$ gegen die Alternative
$H_1 : \bar{p} < p_0$ getestet werden
$\Theta_0 = [p_0, 1]$
$\Theta_1 = [0, p_0[$
Es wird ein Signifikanzniveau $\alpha > 0$ gefordert. Ferner soll für ein $p_1 < p_0$ der Test eine Güte $g(p_1) \geq \gamma$ haben. Vorgegeben also p_0, p_1, α, γ

Frage: Wie lang muss der Test sein ($n = ?$) ?
            Wie ist der Verwerfungsbereich zu wählen?

n-fache Wiederholung des Bernoulliexperiments
$X := S_n = \sum_{i=1}^{n} X_i$
$K_0 = \{k_n + 1, \dots, n\}; \ K_1 = \{0, \dots, k_n\}$

Aufgabe: Bestimme n und k_n so, dass

$$\forall p \geq p_0 \ P_p(S_n > k_n) \geq 1 - \alpha \ \text{bzw.} \ P_p(S_n \leq k_n) \leq \alpha$$

$$\forall p \leq p_1 \ P_p(S_n \leq k_1) \geq \gamma$$

Für n und k_n fest ist

$$p \mapsto P_p(S_n \leq k_n)$$

eine streng monoton fallende Funktion (Übung). Es reicht also n und k_n so zu bestimmen, dass

$$P_p(S_n \leq k_n) \leq \alpha \text{ und } P_{p_1}(S_n \leq k_n) \geq \gamma$$

Wiederholung

08.07.2014

Bernoulli-Experiment. $\Omega = \{0,1\}$; $p(1) = \overline{p}$
$H_0 : \overline{p} \geq p,\ \overline{p} \in \Theta_0 = [p_0, 1]$
$H_1 : \overline{p} < p_0,\ \overline{p} \in \Theta_1 = [0, p_0[$
Test soll haben

- Signifikanzniveau α

- Ab $p_1 < p_0$ die Güte γ

Zur Signifikanz

$\forall p \geq p_0 :\ P_p(S \in K_1) \leq \alpha$

Zur Güte

$\forall p \leq p_1 :\ P_p(S \in K_1) \geq \gamma$
Testlänge n. Naheliegend: $K_1 = \{0, \ldots, k_n\}$; $K_0 = \{k_{n+1}, \ldots, n\}$
Es reicht n und k_n so festzulegen, dass $P_{p_0}(S \leq k_n) \leq \alpha) \wedge P_{p_1}(S \leq k_n) \geq \gamma$

Idee: 1) Wähle zu n ein k_n, sodass das Signifikanzkriterium erfüllt ist.
              2) Wähle jetzt das n so groß, dass das Gütekriterium erfüllt ist.

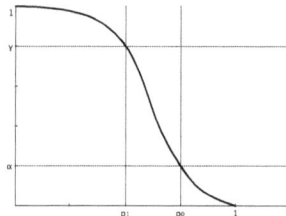

zu 1):

$$
\begin{aligned}
P_{p_0}(S \leq k_n) &= P_{p_0}\left(\frac{S - np_0}{\sqrt{np_0(1-p_0)}} \leq \frac{k_n - np_0}{\sqrt{np_0(1-p_0)}} \right) \\
&\overset{\text{ZGS}}{\approx} \Phi\left(\frac{k_n - np_0}{\sqrt{np_0(1-p_0)}} \right) \\
&\overset{!}{\leq} \alpha
\end{aligned}
$$

$\Phi(x) = \frac{1}{\sqrt{2\pi}} \int_{-\infty}^{x} e^{-\frac{y^2}{2}}$ dy ist streng monoton wachsend, hat also eine Umkehrfunktion Φ^{-1} :
$]0,1[\to \mathbb{R}$, die auch streng monoton wachsend ist.

$$\frac{k_n - np_0}{\sqrt{np_0(1-p_0)}} \leq \Phi^{-1}(\alpha) \Leftrightarrow k_n \leq \sqrt{np_0(1-p_0)}\Phi^{-1}(\alpha) + np_0$$

zu 2):

$$
\begin{aligned}
P_{p_1}(S \leq k_n) &= P_{p_0}\left(\frac{S - np_1}{\sqrt{np_1(1-p_1)}} \leq \frac{k_n - np_1}{\sqrt{np_1(1-p_1)}} \right) \\
&\overset{\text{ZGS}}{\approx} \Phi\left(\frac{k_n - np_1}{\sqrt{np_1(1-p_1)}} \right) \\
&\overset{!}{\geq} \gamma
\end{aligned}
$$

$$k_n = \sqrt{np_1(1-p_1)}\Phi^{-1}(\gamma) + np_1$$

Setze für k_n den Ausdruck $\sqrt{np_0(1-p_0)}\Phi^{-1}(\alpha) + np_0$ ein und löse nach n auf.

$$n(p_1 - p_0) = \sqrt{n}\left(\sqrt{p_0(1-p_0)}\Phi^{-1}(\alpha) - \sqrt{p_1(1-p_1)}\Phi^{-1}(\gamma)\right)$$

$$n = \frac{\left(\sqrt{p_0(1-p_0)}\Phi^{-1}(\alpha) - \sqrt{p_1(1-p_1)}\Phi^{-1}(\gamma)\right)^2}{(p_1 - p_0)^2}$$

Bestimme erst dieses n und dann k_n

2 Parameter schätzen

2.1 Beispiel

Eine verbeulte Münze hat für Kopf eine unbekannte Wahrscheinlichkeit $\bar{p}$. Wie schätzt man einen Näherungswert für $\bar{p}$?

Strategie: n-mal werfen und dann die relative Häufgkeit bilden.

Formalisierung

$\Omega = \{0,1\}$, $p(1) = \bar{p}$; $(\Omega^{(n)}, p^{(n)})$ n-fache Wiederholung. Schätzer für $\bar{p}$: $\overline{X}_n := \frac{1}{n}\sum_{i=1}^n X_i$, wobei $X_i :$
$\Omega^{(n)} \to \mathbb{R}$ mit $X_i((\omega_1,\ldots,\omega_n)) = \omega_i$

2.2 Beispiel

Bei einem Test werden die mathematischen Fähigkeiten von Achtklässlern getestet. Nach der psychologischen Testtheorie müssen die Ergebnisse eines solchen Tests normalverteilt sein mit Parametern $\mu \in \mathbb{R}$ und $r > 0$. Aus ökonomischen Gründen wird nur eine Stichprobe von n Schülern getestet. Wie schätzt man, ausgehend von dem Ergebnis der Stichprobe die Parameter der zugrundeliegenden Verteilung?

Modellierung

Es gibt eine normalverteilte Zufallsgröße X, die jedem Schüler seine mathematischen Fähigkeiten ausgedrückt als Testergebnis zuordnet. D. h.

$$P_{\mu,\sigma}(a \leq X \leq b) = \frac{1}{\sqrt{2\pi}\sigma} \cdot \int_a^b e^{-\frac{1}{2}\left(\frac{x-\mu}{\sigma}\right)^2} dx$$

$$= \frac{1}{\sqrt{2\pi}} \cdot \int_{\frac{a-\mu}{\sigma}}^{\frac{b-\mu}{\sigma}} e^{-\frac{y^2}{2}} dy$$

$$= \Phi\left(\frac{b-\mu}{\sigma}\right) - \Phi\left(\frac{a-\mu}{\sigma}\right)$$

Stichprobe der Länge n wird gebildet:

$$X_i : \Omega^{(n)} \to \mathbb{R}, \ (\omega_1,\ldots,\omega_n) \mapsto X(\omega_i) \quad i = 1,\ldots,n$$

Bei der Stichprobe werden n konkrete Schüler zufällig gewählt $\bar{\omega}_1,\ldots\bar{\omega}_n$ und die liefern n Realisierungen der Zufallsgröße $X_1,\ldots,X_n$. Wir sollen jetzt aus diesen vorliegenden Messwerten $X_1,\ldots,X_n$ die Parameter μ und σ schätzen.

Idee: Maximum-Likelihood-Prinzip

Bei jeder Wahl von Parametern μ und σ hat die Realisierung $X_1,\ldots,X_n$ eine bestimte Wahrscheinlichkeit. Wir wählen dann μ und σ so, dass der Ausgang $X_1,\ldots,X_n$ die maximale Wahrscheinlichkeit hat. Wir müssen also zu gegebenen Parametern μ,σ die Wahrscheinlichkeit der Realisierung $X_1,\ldots,X_n$ angeben. $P_{\mu,\sigma}(X = x_1) = 0$? Widersprüchlich stetige Verteilung, die nur diskrete Werte annimmt, gibt es nicht. Annahme: Testergebnisse ganzzahlig. $X = x_1$ wird dann interpretiert als $x_1 - \frac{1}{2} \leq X \leq x_1 + \frac{1}{2}$

$$P_{\mu,\sigma}\left(x_1 - \frac{1}{2} \leq X \leq x_1 + \frac{1}{2}\right) = \frac{1}{(2\pi\sigma)} \cdot \int_{x_1-\frac{1}{2}}^{x_1+\frac{1}{2}} e^{-\frac{1}{2}\left(\frac{x-\mu}{\sigma}\right)^2} dx$$

$$\approx \frac{1}{\sqrt{2\pi}\sigma} \cdot e^{-\frac{1}{2}\left(\frac{x_1-\mu}{\sigma}\right)^2}$$

Genauso für die anderen Messwerte.

$$P_{\mu,\sigma}\left(|X_1 - x_1| \leq \frac{1}{2} \wedge \ldots \wedge |X_n - x_n| \leq \frac{1}{2}\right) = P_{\mu,\sigma}\left(|X_1 - x_1| \leq \frac{1}{2}\right) \cdot \ldots \cdot P_{\mu,\sigma}\left(|X_n - x_n| \leq \frac{1}{2}\right)$$

$$\approx \frac{1}{\sqrt{2\pi}\sigma} \cdot e^{-\frac{1}{2}\left(\frac{x_1-\mu}{\sigma}\right)^2} \cdot \ldots \cdot \frac{1}{\sqrt{2\pi}\sigma} \cdot e^{-\frac{1}{2}\left(\frac{x_n-\mu}{\sigma}\right)^2}$$

Wir definieren als Maximum-Likelihood-Funktion:

$$L_{(x_1,\ldots,x_n)}(\mu,\sigma) = \left(\frac{1}{\sqrt{2\pi}\sigma}\right)^n e^{-\frac{1}{2}\sum_{i=1}^{n}\left(\frac{x_i-\mu}{\sigma}\right)^2}$$

Wir wollen jetzt $\overline{\mu}$ und $\overline{\sigma}$ so bestimmen, dass L über $\underset{\ni\mu}{\mathbb{R}} \times \underset{\ni\sigma}{]0,\infty[}$ maximiert wird. In einem Extremum müssen beide partiellen Ableitungen verschwinden.

$$\frac{\partial L}{\partial\mu} = 0 \quad \wedge \quad \frac{\partial L}{\partial\sigma} = 0$$

$$\frac{\partial L}{\partial\mu}(\mu,\sigma) = L(\mu,\sigma)\left(+\sum_{i=1}^{n}\left(\frac{x_i-\mu}{\sigma}\right)\cdot\frac{1}{\sigma}\right)$$

$$\frac{\partial L}{\partial\sigma}(\mu,\sigma) = L(\mu,\sigma)\cdot\left(-\frac{n}{\sigma}+\frac{1}{\sigma^3}\cdot\sum_{i=1}^{n}(x_9-\mu)^2\right)$$

$$\frac{\partial L}{\partial\mu} = 0 \quad\Leftrightarrow\quad \sum_{i=1}^{n}(x_i-\mu)$$

$$\Leftrightarrow\quad \mu = \frac{1}{n}\cdot\sum_{i=1}^{n}x_i := \overline{x}$$

$$\frac{\partial L}{\partial\sigma} = 0 \quad\Leftrightarrow\quad \frac{1}{\sigma^2}\cdot\sum_{i=1}^{n}(x_i-\mu) - n = 0$$

$$\Leftrightarrow\quad \sigma^2 = \frac{1}{n}\cdot\sum_{i=1}^{n}(x_i-\mu)$$

$$\Leftrightarrow\quad \sigma^2 = \frac{1}{n}\cdot\sum_{i=1}^{n}(x_i-\overline{x})^2$$

Wir schätzen also: $\mu \approx \overline{x} = \frac{1}{n}\sum x$; $\sigma \approx \sqrt{\frac{1}{n}\sum(x-\overline{x})^2}$

2.3 Beispiel (zurück zu Beispiel 2.1)

10.07.2014

$\Omega = \{0,1\}$; $p(1) = \overline{p}$ unbekannt. n Durchführungen, $m-$Erfolge, Schätzung $\overline{p} = \frac{m}{n}$. Auch das ist eine Maximum-Likelihood-Schätzer: Für welchen Parameter p hat der Ausgang m die maximale Wahrscheinlichkeit?
$L_m(p) = \binom{n}{m}p^m \cdot (1-p)^{n-m}$ muss maximiert werden auf dem Intervall $[0,1]$.

- Grenzen: $L_m(0) = L_m(1) = 0$. $L_m(p) \geq 0$ $\forall p \in [0,1]$

$$L'_m(p) = L_m(p)\cdot\left(\frac{m}{p}-\frac{n-m}{1-p}\right) \overset{!}{=} 0 \quad\overset{p\in]0,1[}{\Leftrightarrow}\quad \frac{m}{p}-\frac{n-m}{1-p} = 0$$

$$\Leftrightarrow\quad (1-p)m - (n-m)p = 0$$

$$\Leftrightarrow\quad m - np = 0$$

$$\Leftrightarrow\quad p = \frac{m}{n}$$

Wir wollen jetzt ein wenig formalisieren und beginnen mit dem Begriff der Stichprobe.

2.4 Motivation

Seien (Ω,p) ein DZE, X eine ZGe über Ω, $(\Omega^{(n)},p^{(n)})$ die $n-$fache Durchführung. $X_i : \Omega^{(n)} \to \mathbb{R}$, $(\omega_1,\ldots,\omega_n) \mapsto X(\omega_i)$ Ergebnis des $i-$ten Versuchs. Wir nennen dann den Zufallsvektor $(X_1,\ldots,X_n) : \Omega^{(n)} \to \mathbb{R}$ eine Stichprobe von X der Länge n. Für $(\overline{\omega}_1,\ldots,\overline{\omega}_n) \in \Omega^{(n)}$ heißt $\mathbb{R}^n \ni (x_1,\ldots,x_n)$ eine Realisierung der Stichprobe.

2.5   (offizielle) Definition

Sei $(\Omega, \mathcal{A}, P)$ ein WR, X eine ZG über Ω. Seien $X_1, \ldots, X_n$ ZGen über Ω, stochastisch unabhängig und identisch verteilt mit $P^{X_i} = P^X$ für alle $i = 1, \ldots, n$. Dann heißt $(X_1, \ldots, X_n)$ eine <u>Stichprobe</u> der Länge n.

2.6   Definition (Schätzer)

Seien $(\Omega, \mathcal{A}, P_\eta)$ eine Schar von ZE, parametrisiert mit $\eta \in \Lambda$, X eine ZG über Ω mit Verteilung P_η^X. Sei $(X_1, \ldots, X_n)$ eine Stichprobe von X der Länge n. Außerdem $T_n : \mathbb{R}^n \to \Lambda$ eine Funktion. Dann heißt $T_n(X_1, \ldots, X_n) : \Omega \to \Lambda$ ein <u>Schätzer</u> für den Parameter η.

2.7   Beispiele

In Beispiel 2.2:

$$\mu \approx \frac{1}{6} \sum_{i=1}^n x_i = \overline{x}$$

Schätzgröße: $\overline{X}_n := \frac{1}{n} \cdot \sum_{i=1}^n X_i$ (arithmetisches Stochprobenmittel)

$$\sigma^2 \approx \frac{1}{n} \sum_{i=1}^n (x_i - \overline{x})^2$$

zugrundeliegende Schätzgröße: $S_n^2 := \frac{1}{n} \cdot \sum_{i=1}^n (X_i - \overline{X}_n)^2$ (theoretische Stichprobenvarianz)

Die konkreten Realisierung werden meist folgendermaßen bezeichnet:

$$\overline{x} = \frac{1}{n} \cdot \sum_{i=1}^n x_i, \quad S^2 = \frac{1}{n} \cdot \sum_{i=1}^n (x_i - \overline{x})^2$$

Bis jetzt liefert jede beliebige Funktion T_n Schätzgrößen. Was sind vernünftige Schätzgrößen?

2.8   Definition (Kriterien für Schätzgrößen)

Sei $(T_n(X_1, \ldots, X_n))_{n \in \mathbb{N}}$ eine Folge von Schätzgrößen für den Parameter $\eta \in \Lambda$.

(i) (T_n) heißt <u>erwartungstreu</u>, falls
$$E_\eta \left(T_n(X_1, \ldots, X_n) \right) = \eta$$
für alle $\eta \in \Lambda$ und $n \in \mathbb{N}$.

(ii) (T_n) heißt <u>konsistent</u>:
$$\forall \varepsilon > 0 : \lim_{n \to \infty} P_\eta \left(|T_n(X_1, \ldots, X_n) - \eta| \leq \varepsilon \right) = 1$$

Genügen die bis jetzt betrachten Schätzer diesen Kriterien?

2.9   Satz

Das arithmetische Stichprobenmittel $\overline{X}_n$ ist ein erwatungstreuer und konsister Schätzer für den Erwartungswert μ_X.

Beweis

$\mu_X = E(X)$, $\sigma_X^2 = \text{Var}(X)$

$$E(\overline{X}_n) = E\left(\frac{1}{n} \cdot \sum_{i=1}^n X_i \right) = \frac{1}{n} \cdot \sum_{i=1}^n E(X_i) = \frac{1}{n} \sum E(X) = E(X) = \mu_X$$

also erwatungstreu.
Wir berechnen zunächst:

$$\sigma_{\overline{X}_n}^2 = \text{Var}(\overline{X}_n) = \text{Var}(\frac{1}{n} \sum_{i=1}^n X_n) = \frac{1}{n^2} \cdot \sum_{i=1}^n \text{Var}(X_i) = \frac{1}{n^2} \sum_{i=1}^n \text{Var}(X) = \frac{\text{Var}(X)}{n} \text{ also } \sigma_{\overline{X}_n} = \frac{\sigma_X}{\sqrt{n}}$$

mit Tschebyscheff-Ungleichung (TU):

$$\leq P\left(|\overline{X}_n - \mu_X| \geq \varepsilon\right) = P\left(|\overline{X}_n - \mu_{\overline{X}_n}| \leq \varepsilon\right) \leq \frac{\mathrm{Var}(\overline{X}_n)}{\varepsilon^2} = \frac{\mathrm{Var}(X)}{n \cdot \varepsilon^2} \overset{n\to\infty}{\longrightarrow} \infty$$

Also ist das arithmetische Stichprobenmittel ein konsistenter Schätzer.

2.10 Satz

Die theoretische Stichprobenvarianz ist nicht erwatungstreu.

$$E(S_n^2) = E\left(\frac{1}{n} \cdot \sum (X_i - \overline{X}_n)^2\right) = \frac{1}{n}\sum E\left((X_i - \overline{X}_n)^2\right) = \frac{1}{n}\sum E(X_i^2 - 2X_i\overline{X}_n + \overline{X}_n^2)$$

(Nebenrechnung: $\frac{1}{n}\sum E(X_i\overline{X}_n) = E\left(\frac{1}{n}\sum X_i\overline{X}_n\right) = E\left(\overline{X}_n \cdot \frac{1}{n}\sum_{i=1}^n X_i\right) = E(\overline{X}_n^2)$)

$$= E(X^2) - 2E(\overline{X}_n^2) + E(\overline{X}_n^2) = E(X^2) - E(\overline{X}_n^2) = \mathrm{Var}(X) + E(X)^2 - \mathrm{Var}(\overline{X}_n) - E(\overline{X}_n)^2$$

$$= \mathrm{Var}(X) - \mathrm{Var}(\overline{X}_n) = \mathrm{Var}(X) - \frac{\mathrm{Var}(X)}{n} = \frac{n-1}{n} \cdot \mathrm{Var}(X)$$

Die theoretische Stichprobenvarianz unterschätzt also die Varianz systematisch um den Faktor $\frac{n-1}{n}$.

2.11 Definition (empirische Stichprobenvarianz)

Wir nennen

$$\widehat{S}_n := \frac{1}{n-1} \cdot \sum_{i=1}^n \left(X_i - \overline{X}_n\right)^2$$

die <u>empirische</u> Stichprobenvarianz. $\widehat{S}_n^2$ ist ein erwatungstreuer Schätzer für $\mathrm{Var}(X)$.

$$E(\widehat{S}_n^2) = E\left(\frac{n}{n-1}S_n^2\right) = \frac{n}{n-1}E(S_n^2) = \frac{n}{n-1} \cdot \frac{n-1}{n} \cdot \mathrm{Var}(X) = \mathrm{Var}(X)$$

3 Intervalle schätzen

15.07.2014

Die Wahrscheinlichkeit für einen Erfolg in einem Bernoulli-Experiment soll geschätzt werden.
Stichprobe der Länge n. $\overline{X}_n$ als Schätzer für p.
In der Regel trifft eine Realisierung $\overline{x}$ von $\overline{X}_n$ nicht den tatsächlichen Parameter, sondern lediglich mehr oder weniger in die Nähe des tatsächlichen Parameters.

Intervallschätzung

Anstatt eines einzelnen Wertes wird ein Intervall geschätzt, das den Parameter hoffentlich überdeckt.

3.1 Definition

Es seien $(\Omega, \mathcal{A}, P_\eta)$ eine parametrisierte Schar von Wahrscheinlichkeitsräumen (WRen), X eine ZG über Ω und $(X_1, \ldots, X_n)$ eine Stichprobe der Länge n. Zwei Schätzgrößen $I_n(X_1, \ldots, X_n)$ und $I_0(X_1, \ldots, X_n)$ heißen Intervallschätzung zum Konfidenzniveau $\delta \in]0,1[$ genau dann, wenn

$$\forall \eta \in \Lambda : \ P_\eta\left(I_n(X_1, \ldots, X_n) \leq \eta \leq I_0(X_1, \ldots, X_n)\right) \geq \delta$$

Beispiel

Es soll ein Intervall geschätzt werden für den Erwartungswert μ_X.

Methode I: mit Tschebyscheff

X ZG mit $E(X) = \mu_X$ und $\mathrm{Var}(X) = \sigma_X^2$, Stichprobe der Länge n. Punktschätzer für μ_X ist $\overline{X}_n$. Wir wissen: $\mu_{\overline{X}_n} = \mu_X$, $\sigma_{\overline{X}_n}^2 = \frac{\sigma_X^2}{n}$. Nach TU (Tschebyscheff-Ungleichung) gilt:

$$P\left(|\overline{X}_n - \underbrace{\mu_X}_{=\mu_{\overline{X}_n}}| \geq \varepsilon\right) \leq \frac{\sigma_{\overline{X}_n}^2}{\varepsilon^2} = \frac{\sigma_X^2}{\varepsilon^2 n}$$

Andresherum: $P(|\overline{X}_n - \mu_x| < \varepsilon) \geq 1 - \frac{\sigma_X^2}{\varepsilon^2 n}$

Zu einem vorgegebenen Kinfidenzniveau δ wähle ein $\varepsilon > 0$, sodass $1 - \frac{\sigma_X^2}{\varepsilon^2 n} \geq \delta$. D. h.:

$$P\left(-\varepsilon < \mu_X - \overline{X}_n < \varepsilon\right) \geq \delta \Leftrightarrow P\left(-\varepsilon + \overline{X}_n < \mu_X < \varepsilon + \overline{X}_n\right) \geq \delta = 95\%$$

Das bedeutet, dass auf lange Sicht in 95% (δ) aller Realisierungen $\overline{x}$ der Parameter μ_X in dem Intervall $[\overline{x} - \varepsilon, \overline{x} + \varepsilon]$ liegt.

Schritte:

- zu δ wähle passendes ε
- zur konkreten Realisierung $\overline{x}$ stelle das Intervall $[\overline{x} - \varepsilon, \overline{x} + \varepsilon]$ auf

Beispiel

Münzwurf $n = 100$, $\delta = 0,95$

1. Schritt $1 - \frac{\sigma_X^2}{\varepsilon \cdot 100} \geq 0,95$; $\sigma_X^2 = p(1-p) = \mu_X(1-\mu_X) \leq \frac{1}{4}$, da $\mu_X = p \in [0,1]$.

$$\Rightarrow 1 - \frac{\sigma_X^2}{\varepsilon \cdot 100} \geq 1 - \frac{1}{4\varepsilon^2 \cdot 100} = 0,95 \Leftrightarrow 0,05 = \frac{1}{4\varepsilon^2 \cdot 100} \Leftrightarrow \varepsilon^2 = \frac{1}{20} \Leftrightarrow \varepsilon = \frac{1}{\sqrt{20}} < \frac{1}{4}$$

Unsere Realisierung sei: $\overline{x} = \frac{58}{100}$. Wir schätzen dann das Intervall $\left[-\frac{1}{\sqrt{20}} + 0,58; 0,58 + \frac{1}{\sqrt{20}}\right]$.

Bedeutung dieses Intervalls:

- **Falsch!:** Mit einer Wahrscheinlichkeit von 95% liegt p im Intervall $\left[-\frac{1}{\sqrt{20}} + 0,58; 0,58 + \frac{1}{\sqrt{20}}\right]$

    – Entweder liegt p drin oder nicht, das ist aber keine Wahrscheinlichkeitsaussage

- Werden mit dieser Methode viele Intervalle geschätzt, dann werden auf lange Sicht mindestens 95% dieser Intervallschätzungen den zugrundeliegenden Parameter überdecken. Mann muss damit rechnen, dass in 5% aller Intervallschätzungen der zugrundeliegende Parameter nicht überdeckt wird

Übliches Bild aus der Statistik

Fehlerbalken zum 95% Kinfidenzniveau. 800 Messwerte. D. h. ca. 40 Messwerte werden nicht im angezeigten Fehlerintervall liegen. Man weiß aber nicht welche.

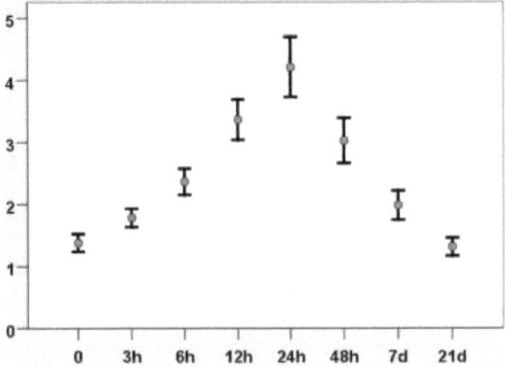

Methode II: mit dem zentralen Grenzwertsatz

Es soll wieder der Erwartungswert μ_X einer Zufallsgröße geschätzt werden. Die Varianz σ_X^2 wird als bekannt vorausgesetzt. In der Praxis wird man die Varianz mit $\hat{S}_n$ schätzen (zur Info: Die Varianz der empirischen Stichprobenvarianz ist sehr klein). Die Zufallsgrößen der Stichprobe X_i sind stochastisch unabhängig und identisch verteilt. Nach dem ZGW ist $Y_n := \sum_{i=1}^{n} \frac{X_i - \mu_X}{\sqrt{n}\sigma_X}$ annähernd standard-normalverteilt.

$$
\overline{X}_n = \frac{1}{n} \cdot \sum_{i=1}^{n} X_i = \frac{\sigma_X}{\sqrt{n}} \cdot \underbrace{\sum_{i=1}^{n} \frac{X_i - \mu_X}{\sqrt{n}\sigma_X}}_{=Y_n} + \underbrace{\frac{\sigma_X}{\sqrt{n}} \sum_{i=1}^{n} \frac{\mu_X}{\sqrt{n}\sigma_X}}_{=\mu_X}
$$

$$
= \frac{\sigma_X}{\sqrt{n}} \cdot Y_n + \mu_X
$$

also ist $\overline{X}_n$ annähernd normalverteilt mit Erwartungswert μ_X und Varianz $\frac{\sigma_X^2}{n}$. Für vorgegebenes n, Konfidenzniveau δ schätzen wir also:

$$
P\left(|\overline{X}_n - \mu_X| < \varepsilon\right) \stackrel{\text{ZGWS}}{\approx} \Phi\,()
$$

Wiederholung

17.07.2014

Es soll der Erwartungswert μ_X einer Zufallsgröße geschätzt werden. Schätzer: $\overline{X}_n$. In einem Anteil γ aller Realisierungen $\overline{x}$ von $\overline{X}_n$ soll das Intervall $[\overline{x} - \varepsilon, \overline{x} + \varepsilon]$ den Erwartungswert überdecken. Also:

$$
P(\overline{X}_n - \varepsilon < \mu_X < \overline{X}_n + \varepsilon) \geq \gamma
$$
$$
\Leftrightarrow P(-\varepsilon < \mu_X - \overline{X}_n < \varepsilon) \geq \gamma
$$
$$
\Leftrightarrow P(|\overline{X}_n - \mu_X| < \varepsilon) \geq \gamma
$$

Mit dem Zentralen Grenzwertsatz approximieren wir:

$$
P\left(-\varepsilon < \overline{X}_n - \mu_X < \varepsilon\right) = P\left(-\varepsilon < \frac{1}{n} \cdot \sum_{i=1}^{n}(X_i - \mu_X) < \varepsilon\right)
$$

$$
\stackrel{\text{Standardisierung}}{=} P\left(-\varepsilon < \frac{\sigma_X}{\sqrt{n} \cdot \sqrt{n}} \cdot \sum \frac{X_i - \mu_X}{\sigma_X} < \varepsilon\right)
$$

$$
= P\left(-\frac{\sqrt{n}\varepsilon}{\sigma_X} < \sum \frac{X_i - \mu_X}{\sqrt{n}\sigma_X} < \frac{\sqrt{n}\varepsilon}{\sigma_X}\right)
$$

$$
\stackrel{\text{ZGWS}}{\approx} \Phi\left(\frac{\sqrt{n}\varepsilon}{\sigma_X}\right) - \Phi\left(-\frac{\sqrt{n}\varepsilon}{\sigma_X}\right)
$$

$$
\stackrel{\Phi(-x)=1-\Phi(x)}{=} 2\Phi\left(\frac{\sqrt{n}\varepsilon}{\sigma_X}\right) - 1
$$

Wir rechnen also mit der Ungleichung:

$$
2\Phi\left(\frac{\sqrt{n}\varepsilon}{\sigma_X}\right) - 1 \geq \gamma \qquad \circledast
$$

3 unterschiedliche Fragestellungen:

1. Fall: **gegeben:** Konfidenzniveau $\gamma = 99\%$. halbe Länge des Intervall $\varepsilon = 0,01$ (Genauigkeit der Schätzung)

gesucht: Stichprobenlänge n. Wir müssen $\circledast$ nach n auflösen:

$$
\Phi^{-1}\left(\frac{\gamma + 1}{2}\right)^2 \cdot \frac{\sigma_X^2}{\varepsilon^2} = n
$$

σ_X muss also bekannt sein oder geschätzt werden. Für ein Bernoulli-Experiment gilt stets: $\sigma_X^2 \leq \frac{1}{4}$. Einsetzen:

$$
\Phi^{-1}(0,995) \cdot \frac{10.000}{4} = 2,58^2 \cdot 2.500 = 16.641
$$

2. Fall: **vorgegeben:** Stichprobenlänge $n = 100$. Genauigkeit $\varepsilon = 0,1$

   gesucht: Konfidenzniveau γ $\sigma_X \leq \frac{1}{2}$

$$\gamma \geq 2\Phi\left(\frac{1}{\frac{1}{2}}\right) - 1 = 2\Phi(2) - 1 = 2 \cdot 0,9773 - 1 = 0,9546 \approx 95\%$$

3. Fall: **vorgegeben:** Stichprobenlänge $n = 400$. Konfidenzniveau $\gamma = 0,8$

   gesucht: Genauigkeit

$$\Phi^{-1}\left(\frac{\gamma + 1}{2}\right) \cdot \frac{\sigma_X}{\sqrt{n}} = \varepsilon$$

$$\Phi^{-1}(0,9) \cdot \frac{1}{2} \cdot \frac{1}{20} \geq \varepsilon \Leftrightarrow \frac{1,29}{40} \geq \varepsilon$$

3.2   Zusammenfassung

$P(|\overline{X}_n - \mu_X| < \varepsilon) \geq \gamma$ führt mit

- Tschebyscheff-Ungleichung auf: $1 - \frac{\sigma_X^2}{n\varepsilon^2} \geq \gamma$
- ZGWS auf: $2\Phi\left(\frac{\sqrt{n}\varepsilon}{\sigma_X}\right) - 1 \geq \gamma$

Diese Ungleichungen werden dann nach der interessierenden Größe aufgelöst.
n : Stichprobenlänge
γ : Konfidenz
ε : Genauigkeit

3.3   Die σ–Regeln

Die Anwender rechnen gerne mit einigen wenigen festgesetzten Konfidenzniveaus:
Sei zunächst X eine standard-normalverteilte Zufallsgröße, also $\mu_X = 0$, $\sigma_X = 1$

1-σ-Niveau

$$P(|X| \leq \underbrace{1}_{\sigma_X}) = \Phi(1) - \Phi(-1) = 2\Phi(1) - 1 \approx 0,6826 \approx 68,3\%$$

2-σ-Niveau

$$P(|X| \leq \underbrace{2}_{\sigma_X}) = \Phi(2) - \Phi(-1) = 2\Phi(2) - 1 \approx 0,9546 \approx 95,5\%$$

3-σ-Niveau

$$P(|X| \leq 3) \approx 0,9972 \approx 99,7\%$$

Sei nun X eine (annähernd) normalverteilte Zufallsgröße mit $E(X) = \mu_X$ und $Var(X) = \sigma_X^2$

$$P(|X - \mu_X| < \sigma_X \cdot 1) \quad = \quad P\left(|\frac{X - \mu}{\sigma_X}| < 1\right) \approx 0,6826 \approx 68,2\%$$

$$P(|X - \mu_X| < \sigma_X \cdot 2) \quad = \quad P\left(|\frac{X - \mu}{\sigma_X}| < 2\right) \approx 95,5\%$$

$$P(|X - \mu_X| < \sigma_X \cdot 3) \quad = \quad P\left(|\frac{X - \mu}{\sigma_X}| < 3\right) \approx 99,7\%$$

Wir haben es oft mit dem arithmetischen Stichprobenmittel (ASM) $\overline{X}_n$ zu tun. $\overline{X}_n$ ist annähernd normalverteilt mit $\mu_{\overline{X}_n} = \mu_X$ und $\sigma_{\overline{X}_n} = \frac{\sigma_X}{\sqrt{n}}$

$$\Rightarrow P\left(|\overline{X}_n - \mu_X| < \frac{1 \cdot \sigma_X}{\sqrt{n}}\right) \approx 68,5\%$$

$$P\left(|\overline{X}_n - \mu_X| < \frac{2 \cdot \sigma_X}{\sqrt{n}}\right) \approx 95,5\%$$

$$P\left(|\overline{X}_n - \mu_X| < \frac{3 \cdot \sigma_X}{\sqrt{n}}\right) \approx 99,7\%$$

Bei einer Schätzung auf 1-σ-Niveau der Länge n erreicht man also die Genauigkeit $\varepsilon = \frac{\sigma_X}{\sqrt{n}}$.